# Go 语言极简一本通

## 零基础入门到项目实战

欢喜 编著

电子工业出版社
Publishing House of Electronics Industry
北京·BEIJING

## 内 容 简 介

本书是一本 Go 语言入门书，全书共分为三部分。第一部分讲解 Go 语言基础知识，包括变量与简单类型、数组、切片、流程控制、字典、函数、结构体与方法、接口等，可以帮助读者快速掌握 Go 语言的基本程序结构。第二部分讲解 Go 语言高效并发相关知识，包括协程与通道、并发资源、包管理和测试等，让读者对 Go 语言层面的并发支持有更深入的理解。第三部分讲解 Go 语言项目实战，包括 Gin 框架、生活点评项目实战、账户管理系统实战，以及 OAuth 2.0 的授权协议等。实战则运用前面讲解的知识点，帮助读者快速上手，积累项目经验。

本书适合具有其他语言基础，想学习 Go 语言的开发者阅读。即使没有任何编程经验，也能通过学习本书快速掌握 Go 语言。

未经许可，不得以任何方式复制或抄袭本书之部分或全部内容。
版权所有，侵权必究。

**图书在版编目（CIP）数据**

Go 语言极简一本通：零基础入门到项目实战 / 欢喜编著. —北京：电子工业出版社，2021.4
ISBN 978-7-121-40748-2

Ⅰ．①G… Ⅱ．①欢… Ⅲ．①程序语言－程序设计 Ⅳ．①TP312

中国版本图书馆 CIP 数据核字（2021）第 042276 号

责任编辑：安　娜
印　　刷：北京捷迅佳彩印刷有限公司
装　　订：北京捷迅佳彩印刷有限公司
出版发行：电子工业出版社
　　　　　北京市海淀区万寿路 173 信箱　邮编：100036
开　　本：787×980　1/16　印张：16　字数：320 千字
版　　次：2021 年 4 月第 1 版
印　　次：2023 年 4 月第 5 次印刷
定　　价：99.00 元

凡所购买电子工业出版社图书有缺损问题，请向购买书店调换。若书店售缺，请与本社发行部联系，联系及邮购电话：(010) 88254888，88258888。
质量投诉请发邮件至 zlts@phei.com.cn，盗版侵权举报请发邮件至 dbqq@phei.com.cn。
本书咨询联系方式：010-51260888-819，faq@phei.com.cn。

# 前言

为什么要学习 Go 语言？

Go 语言具有天生支持高并发、语法简洁等特点，因此在云计算、微服务、大数据、区块链和物联网等领域发展得如火如荼。开发者掌握 Go 语言，不仅可以作为进入"大厂"的敲门砖，还可以提高个人职场竞争力。

## 本书内容

本书是一本 Go 语言入门书，全书共分为三部分。

第一部分讲解 Go 语言基础知识，包括变量与简单类型、数组、切片、流程控制、字典、函数、结构体与方法、接口等，内容相对简洁，可以帮助读者快速掌握 Go 语言的基本程序结构。

第二部分讲解 Go 语言高效并发相关知识，包括协程与通道、并发资源、包管理和测试等，让读者对 Go 语言层面的并发支持有更深入的理解。

第三部分讲解 Go 语言项目实战，包括 Gin 框架、生活点评项目实战、账户管理系统实战，以及 OAuth 2.0 的授权协议等。实战则把前面讲解的知识点运用起来，帮助读者快速上手，积累项目经验。

## 本书特色

**系统设计**：从基础知识、底层原理到有趣的案例，帮助读者理解晦涩的概念，让枯燥的编程变得有趣。

**案例实操**：本书设计了很多的代码示例，从读者的视角，演示了一些容易出 bug 的场景，以免读者"掉到坑里"。此外，本书还引入了很多生活化的场景，比如用美食、做饭、抢位置等例子比喻协程和通道的高并发原理，让学习不再枯燥。

**贴近实际**：本书所用的例子均源于众多学习者的反馈，其中，仿大众点评小程序的后端完全用 Go 语言开发，前端用 React 开发，引导读者一起从后端到前端、从 0 到 1 完整开发一个产品。

除此之外，在和学习者的交流过程中，笔者还总结了一些常见问题的共性及解决方法，并有针对性地融入案例中。

## 本书适合的读者

1. 无编程经验的初学者。
2. 有其他语言基础，想学习 Go 语言的开发人员。

## 本书服务

微信扫码回复：40748

- 获取本书配套代码
- 加入"后端"读者交流群，与更多同道中人互动
- 获取【百场业界大咖直播合集】（持续更新），仅需 1 元

除欢喜外，参与本书编写的还有刘扬。因时间及水平有限，书中难免有错漏之处，敬请读者不吝赐教，笔者将感激不尽。

# 目录

## 第一部分　基础知识

**第 1 章　起步** .................................................................................................................. 1
    1.1　源代码与程序 ......................................................................................................... 1
    1.2　变量的命名 ............................................................................................................. 2
    1.3　指针 ......................................................................................................................... 4
    1.4　包和文件 ................................................................................................................. 5
    1.5　变量的生命周期 ..................................................................................................... 6
    1.6　作用域 ..................................................................................................................... 7

**第 2 章　变量与简单类型** .................................................................................................. 9
    2.1　运行 hello_world.go ................................................................................................ 9
    2.2　变量 ....................................................................................................................... 10
    2.3　字符串 ................................................................................................................... 11
        2.3.1　修改字符串的大小写 ............................................................................... 11

|     |       | 2.3.2 合并（拼接）字符串 ............................................................. 12 |
| --- | ----- | ------------------------------------------------------------------------------------ |
|     |       | 2.3.3 使用制表符或换行符添加空白 ............................................... 13 |
|     |       | 2.3.4 删除空格 ............................................................................. 13 |
|     | 2.4   | 数字 ............................................................................................... 14 |
|     |       | 2.4.1 整数 .................................................................................... 15 |
|     |       | 2.4.2 浮点数 ................................................................................. 15 |
|     |       | 2.4.3 使用 strconv.Itoa 方法避免类型错误 .................................... 15 |
|     | 2.5   | 注释 ............................................................................................... 16 |
|     | 2.6   | 小结 ............................................................................................... 17 |

## 第 3 章 数组 ...................................................................................................... 18

| 3.1  | 数组简介 ....................................................................................... 18 |
| ---- | -------------------------------------------------------------------------------------- |
| 3.2  | 初始化数组元素的 3 种方式 ........................................................ 19 |
| 3.3  | 访问数组元素 ............................................................................... 20 |
| 3.4  | 索引是从 0 而不是从 1 开始的 .................................................... 21 |
| 3.5  | 使用数组中的各个值 .................................................................... 21 |
| 3.6  | 遍历数组 ....................................................................................... 22 |
| 3.7  | 循环 ............................................................................................... 23 |
| 3.8  | 修改数组中的元素 ........................................................................ 24 |
| 3.9  | 使用列表时应避免索引错误 ........................................................ 24 |
| 3.10 | 小结 ............................................................................................... 25 |

## 第 4 章 切片 ...................................................................................................... 26

|     | 4.1 | 切片简介 ....................................................................................... 26 |
| --- | --- | -------------------------------------------------------------------------------------- |
|     |     | 4.1.1 创建切片 ............................................................................. 27 |
|     |     | 4.1.2 访问切片元素 ..................................................................... 30 |
|     |     | 4.1.3 遍历切片元素 ..................................................................... 31 |
|     |     | 4.1.4 复制切片 ............................................................................. 32 |
|     | 4.2 | 修改、添加和删除元素 ................................................................ 33 |
|     |     | 4.2.1 修改切片元素 ..................................................................... 34 |
|     |     | 4.2.2 在切片中添加元素 ............................................................. 34 |

4.2.3　从切片中删除元素 ......................................................................... 36
　4.3　使用切片时应避免索引错误 ....................................................................... 37
　4.4　遍历切片时容易犯的错误 ............................................................................ 38
　4.5　小结 ........................................................................................................... 39

# 第 5 章　流程控制 .................................................................................................. 41

　5.1　if 语句 ........................................................................................................ 41
　5.2　条件测试 ..................................................................................................... 42
　　　5.2.1　检查是否相等 ................................................................................. 42
　　　5.2.2　比较数字 ......................................................................................... 43
　　　5.2.3　检查多个条件 ................................................................................. 43
　　　5.2.4　检查在切片中是否包含特定值 ........................................................ 44
　　　5.2.5　布尔表达式 ..................................................................................... 44
　　　5.2.6　if-else 结构 ..................................................................................... 45
　5.3　switch 语句 ................................................................................................. 46
　5.4　循环语句 ..................................................................................................... 49
　5.5　小结 ........................................................................................................... 51

# 第 6 章　字典 .......................................................................................................... 52

　6.1　字典简介 ..................................................................................................... 52
　6.2　创建字典 ..................................................................................................... 54
　6.3　使用字典 ..................................................................................................... 55
　　　6.3.1　访问字典中的值 ............................................................................. 56
　　　6.3.2　添加键值对 ..................................................................................... 57
　　　6.3.3　修改字典中的值 ............................................................................. 57
　　　6.3.4　删除键值对 ..................................................................................... 58
　6.4　遍历字典 ..................................................................................................... 59
　　　6.4.1　在字典中嵌入切片 ......................................................................... 59
　　　6.4.2　在字典中嵌入字典 ......................................................................... 61
　6.5　避免遍历中的错误 ...................................................................................... 61
　6.6　小结 ........................................................................................................... 63

# 第 7 章 函数 .................................................................. 64

## 7.1 定义函数 .................................................................. 64
### 7.1.1 向函数传递信息 .................................................. 67
### 7.1.2 实际参数和形式参数 .......................................... 67
### 7.1.3 位置实参 .............................................................. 68
### 7.1.4 传递数组 .............................................................. 69
### 7.1.5 传递切片 .............................................................. 70
### 7.1.6 避免实参错误 ...................................................... 71
## 7.2 返回值 .................................................................. 71
### 7.2.1 返回简单值 .......................................................... 71
### 7.2.2 返回字典 .............................................................. 72
## 7.3 返回多个值 .......................................................... 72
## 7.4 函数变量 .............................................................. 75
## 7.5 匿名函数 .............................................................. 78
## 7.6 闭包 ...................................................................... 79
## 7.7 变长函数 .............................................................. 81
## 7.8 延迟函数调用 ...................................................... 82
## 7.9 panic ...................................................................... 83
## 7.10 recover ................................................................ 84
## 7.11 小结 .................................................................... 85

# 第 8 章 结构体与方法 ................................................ 86

## 8.1 结构体概述 .......................................................... 86
## 8.2 结构体的使用 ...................................................... 88
## 8.3 匿名成员与结构体嵌套 ...................................... 89
## 8.4 结构体与 JSON .................................................... 91
## 8.5 方法 ...................................................................... 93
## 8.6 指针接收者方法 .................................................. 94
## 8.7 实参接收者 type 与 *type .................................... 96
## 8.8 值方法与指针方法的区别 .................................. 98

8.9　方法与表达式 .................................................. 100

8.10　小结 ............................................................ 100

## 第 9 章　接口 ........................................................ 102

9.1　接口的定义及使用 ........................................... 102

9.2　非侵入式接口 .................................................. 104

9.3　使用指针接收者实现接口 ................................. 106

9.4　接口的嵌套 .................................................... 107

9.5　接口值 ............................................................ 110

9.6　error 接口 ....................................................... 112

9.7　类型断言 ........................................................ 113

9.8　类型分支 ........................................................ 114

9.9　动态类型、动态值和静态类型 .......................... 114

9.10　小结 ............................................................ 118

# 第二部分　高效并发

## 第 10 章　协程与通道 ............................................. 119

10.1　并发 ............................................................ 119

10.2　协程并发模型 ................................................ 121

10.3　goroutine（协程）的使用 ............................... 124

10.4　channel（通道）........................................... 125

10.5　channel 进阶 ................................................ 126

10.6　单向 channel ................................................ 129

10.7　无缓冲 channel ............................................. 130

10.8　缓冲 channel ................................................ 131

10.9　select ........................................................... 132

10.10 关闭 channel .................................................................................. 135
10.11 小结 ............................................................................................ 136

## 第 11 章 并发资源 ............................................................................ 137

11.1 竞态 ............................................................................................ 137
11.2 sync.Mutex 与 sync.RWMutex ................................................. 139
11.3 条件变量 ..................................................................................... 146
11.4 原子操作 ..................................................................................... 149
11.5 WaitGroup 类型与 Once 类型 .................................................. 152
11.6 context.Context 类型 ................................................................. 154
11.7 小结 ............................................................................................ 159

## 第 12 章 包管理 ................................................................................ 161

12.1 go mod ....................................................................................... 161
12.2 go mod 中的命令 ...................................................................... 162
12.3 小结 ............................................................................................ 164

## 第 13 章 测试 .................................................................................... 165

## 第 14 章 反射 .................................................................................... 169

14.1 反射简介 ..................................................................................... 169
14.2 动态调用无参方法 ..................................................................... 170
14.3 动态调用有参方法 ..................................................................... 170
14.4 动态 struct tag 解析 ................................................................... 171
14.5 对类型进行转换和赋值 ............................................................. 172
14.6 使用 Kind 与 switch 处理不同分支 ......................................... 174
14.7 判断是否实现了某接口 ............................................................. 175

# 第三部分 项目实战

## 第 15 章 Gin 框架 .................................................................................. 177

### 15.1 HTTP 简介 .................................................................................. 177
### 15.2 Gin 框架简介 .............................................................................. 183
### 15.3 RESTful ...................................................................................... 184
### 15.4 路由参数 .................................................................................... 185
### 15.5 URL 查询参数的获取 ................................................................ 186
### 15.6 接收数组和 map ........................................................................ 187
### 15.7 获取 Form 表单参数 .................................................................. 188
### 15.8 JSON 渲染输出 .......................................................................... 190

## 第 16 章 生活点评项目实战 ................................................................ 193

### 16.1 总体需求分析 ............................................................................ 193
### 16.2 开发精要 .................................................................................... 196
### 16.3 接口设计 .................................................................................... 197
### 16.4 餐厅详情模块 ............................................................................ 198
### 16.5 数据库访问层 ............................................................................ 200
### 16.6 服务层 ........................................................................................ 203
### 16.7 路由和方法 ................................................................................ 204
### 16.8 团购下单模块 ............................................................................ 204
### 16.9 数据库访问层 ............................................................................ 205
### 16.10 团购下单——服务层 .............................................................. 205
### 16.11 团购下单——路由和方法 ...................................................... 206
### 16.12 小结 .......................................................................................... 208

## 第 17 章 账户管理系统实战 ................................................................ 209

### 17.1 启动一个简单的 RESTful 服务器 ............................................ 209
### 17.2 Viper ............................................................................................ 211

17.3 日志追踪 ............................................................................................... 217
17.4 定义错误码 ........................................................................................... 220
17.5 创建账户 ............................................................................................... 224
17.6 删除账户 ............................................................................................... 228
17.7 更新账户 ............................................................................................... 229
17.8 账户列表 ............................................................................................... 231
17.9 根据账户名称查询用户信息 ................................................................ 234
17.10 OAuth 2.0 简介 ..................................................................................... 236
17.11 OAuth 2.0 的四种授权模式 ................................................................. 237

# 第一部分 基础知识

# 第 1 章 起步

## 1.1 源代码与程序

在 Go 语言中,在电脑上编写的 Go 代码都是源文件,它的标志是文件后缀名为.go。下面来看一段 Go 代码,这段代码存放在源文件 Chapter1/1-1/main.go 中:

```
package main

import "fmt"

func main() {
```

```
    fmt.Println("hello Go world")
}
```

.go 源文件存放在包中,一个包由一个或多个.go 源文件组成,包名(文件夹名)通常用来描述该包的作用。源代码的开始是用 package 声明的,表明该源文件属于哪个包。例如,上面代码中的 package main 就指明了该源文件属于 main 包。下面的 import 可导入其他包的内容,如类型、变量、常量、函数等,这些是不分顺序的。

main 包是一个特殊的包,它定义了一个独立的可执行程序。在 main 包中,main 函数是特殊的。例如,上面代码中的 main 函数会调用其他包中的函数来完成工作(fmt.Println)。

**注意**:在 Go 语言中,少导入包或导入多余的包都会导致编译失败。

Go 语言是编译型的语言,Go 的工具链可将程序的源文件转换成二进制文件。例如,go run 命令可以对一个或多个.go 源文件进行编译、连接,生成可执行文件。例如,对上面的代码执行以下命令:

```
go run main.go
```

输出如下:

```
hello Go world
```

当然,也可以编译成一个可以复用的程序,例如,执行下面的命令:

```
go build
```

此时在 Chapter1/1-1/目录下会生成一个名为 1-1 的二进制程序。我们可以随时执行这个二进制程序,无须做任何其他处理:

```
./1-1
```

屏幕输出:

```
hello Go world
```

本书的所有代码均使用 mac 上的 Goland 工具完成。

## 1.2 变量的命名

变量是 Go 语言中最基本的组成元素。变量是对一块内存的命名,程序可以通过定义一个变量来申请一块内存,之后通过引用变量来使用这块内存。

命名规范：名称的开头是一个字母（Unicode 中的字符）或下画线，后面可以跟任意数量的字符，并区分大小写，如 name 与 Name 表示不同的变量名称。

有些名称不能使用，具体如下。

### 1. Go 语言中的 25 个关键字

包相关：import 和 package。

声明相关：var、const、type、struct、interface、func、chan、map 和 go。

循环相关：for 和 range。

条件判断相关：if、else、switch、select 和 case。

中断或返回：return、goto、fallthrough、break、default 和 continue。

延迟执行：defer。

### 2. 内置的预声明的常量、类型和函数

（1）常量：true、false、iota 和 nil。

（2）类型如下。

- 整型：int、int8、int16、int32 和 int64。
- 无符号整型：uint、uint8、uint16、uint32、uint64 和 uintptr。
- 浮点型：float32、float64、complex64 和 complex128。
- 其他：bool、byte、rune、string 和 error。

（3）函数：make、len、cap、new、append、copy、close、delete、complex、real、imag、panic 和 recover。

笔者建议使用"驼峰式"命名方式命名，如 DoWork。

### 3. 变量

如果一个变量在函数中声明，那么它只在函数局部有效。如果一个变量在函数外部声明，那么它对包里面的所有函数源文件可见。

变量第一个字母的大小写决定了其可见性，以及是否跨包。如果变量名字以大写字母开头，那么它是可导出的，对包外是可见和可访问的，并且可以被其他程序引用，包名本身是小写的。如果变量名字以小写字母开头，则不可导出，且对包外不可见。

var 可以用来创建某种类型的变量，并设置值。

```
var name type = expression
```

类型和表达式可以省略一个，但是不能两个都省略：

- 省略类型，它的类型由初始化表达式决定。
- 省略表达式，初始值为对应类型的零值。

不同类型的零值如下：

- 数字类型的零值是 0。
- 布尔类型的零值是 false。
- 字符串的零值是" "。
- 接口和引用类型（切片、指针、字典、通道、函数）的零值是 nil。
- 数组和结构体的零值是其所有成员的零值。

### 4. 短变量

使用 name:=expression 的形式，name 的类型由 expression 的类型决定。

短变量很灵活，在日常工作中经常用到。

## 1.3 指针

变量的地址叫作指针。指针可指向变量值的位置，不是所有的值都有地址，但是所有的变量都有地址。在使用指针时，不需要知道变量名就可以读取或更新变量值。

例如：

```
var  name string
```

name 是一个变量，可以使用&name 表达式来获取变量 name 的内存地址。&name 是指向变量 name 的指针，&是取地址操作符。

把变量 name 的地址传给 p 指针变量：

```
p:= &name
```

通过*p 获取变量 name 的值：

```
n:=*p
```

*p 既可以获取变量 name 的值，也可以更新变量 name 的值：

```
*p="红烧肉"
```

指针的零值：

```
p!=nil
```

若返回 true，则说明 p 指向一个变量。

**内置函数 new**

内置函数 new 可用来创建变量。new(T)可以创建一个未命名的 T 类型变量，初始化为 T 类型的零值，并返回其地址 *T。

使用内置函数 new 创建的变量和使用其他方式创建的变量没有什么区别，但是 new(T)可以直接在表达式中使用，无须提前声明。因此内置函数 new 在语法上更加便利，但它并不是一个基础语法，new 也不是一个关键字。

## 1.4 包和文件

一个包的源文件保存在一个或多个以.go 结尾的文件中。每个包都给它的声明提供了独立的命名空间。

### 1. 包初始化

包初始化从初始化包级别的变量开始，这些变量是按照声明顺序初始化的，在依赖已经解析完毕的情况下，根据依赖的顺序进行初始化。首先从 main 包开始，如果 main 包中有 import 语句，则会导入 import 指定的包。如果这些包有要导入的其他包，则先导入其所依赖的其他包。重复的包只被导入一次，例如，很多包都需要导入 fmt 包，则只导入一次 fmt 包即可。

通常使用 init(){...} 来做包初始化。

**注意**：这个 init 函数不能被调用，它是自动执行的。

我们可以在多个.go 文件中使用多个 init 函数。包初始化是按照导入的顺序进行的，每次只初始化一个包。一般来说，包初始化是自上而下进行的，main 包在最后。也就是说，即在 main 包被初始化之前，其他所有的包都已经初始化完毕。例如：

```
init XXXX
init XXXX
```

```
init main
...
```

## 1.5 变量的生命周期

生命周期是程序运行时被程序其他部分所引用的起止时间。

变量的生命周期是指在程序执行过程中变量存在的时间段。包级别变量的生命周期是整个程序的执行时间，也称为全局变量。

与全局变量相对的是局部变量。

局部变量的生命周期是：每次执行声明语句时创建一个新的变量，该变量一直存活到它不可访问为止，这时它占用的存储空间将被回收。局部变量的声明周期是动态的，函数的参数和返回值都是局部变量，即在函数被调用时才被创建，在函数调用结束后会被销毁。

当创建的变量内存不确定时，会分配给堆（heap），如切片（slice）、字典（map）、通道（channel）等。如果分配的内存超过栈（stack）的大小，则会分配到堆中。

堆是用来存放进程执行中被动态分配的内存段的，它的大小不固定，可以动态扩张或缩小。

栈是用来存放程序暂时创建的局部变量的，即在函数的大括号{}中定义的局部变量。

在编译阶段，编译器会自动选择在堆或者栈上分配局部变量的存储空间。

例如：

```
var name string

func Hello(food string){
    fmt.Println(name+"喜欢"+food)
}

func main() {
    name="小明"
    Hello("红烧肉")
}
```

其中，name 是全局变量，food 是局部变量。

**注意**：要避免或减少把局部变量赋值给全局变量的情况，因为这会导致在被其他被调用的地方引起歧义，使程序产生不可预期的结果。

## 1.6 作用域

作用域是声明在程序中出现的位置，通常使用大括号{}括起来。当编译到一个名字的引用时，将从最内层到全局寻找其声明。如果没有找到，则报错"undefined name"。如果在内层和外层都存在这个声明，则内层说明先被找到，且将覆盖外层声明。

访问权限可分为如下三种：

- 包级私有。
- 模块级私有。
- 公开级。

这也是 Go 语言对程序作用域的定义，例如：

```
func Cook(){
    msg:="吃顿好的"
}
```

通常，msg 变量无法被 Cook 函数以外的代码访问。Cook 函数就是一个代码块，msg 变量的作用域被限制在 Cook 函数代码块内。当然，也有例外情况，我们在后面章节再详细介绍。

作用域的最大好处是可以控制程序的访问权限，例如：

```
var msg ="去外面吃点好的。"
func main() {
    msg:="main 函数内"
    {
        msg:="在家吃点好的"
        fmt.Println(msg)
    }
    fmt.Println(msg)
}
```

输出如下：

```
在家吃点好的
main 函数内
```

在上面的代码中有 4 个代码块：

- 全域代码块。
- main 包代码块。
- main 函数代码块。
- main 函数内部用花括号括起来的代码块。

另外还声明了一个 msg 变量，并分别赋值。

- 引用 msg 变量，最先查找所在代码块中的变量，注意，不包含子代码块。
- 如果在当前代码块中没有声明这个变量，那么就继续沿着代码块一层一层查找。外面的层会被里面的层屏蔽。
- 如果找到最后一层还没有找到，则 Go 语言编译器就会报错。

# 第 2 章
## 变量与简单类型

## 2.1 运行 hello_world.go

在运行 hello_world.go 时,Go 都做了哪些事情呢?下面进行深入研究。实际上,即便是运行简单的程序,Go 所做的工作也相当多:

```
hello_world.go

package main

import "fmt"
func main() {
    fmt.Println("hello Go world")
}
```

在运行上述代码时，将看到如下输出：

```
hello Go world
```

在运行文件 hello_world.go 时，末尾的.go 指出这是一个 Go 语言程序。首先把 Go 程序源代码编译成一个可执行的二进制文件，然后执行该二进制文件，从程序的入口进入，即从 main 这个函数进入，最后按照编写的代码执行逻辑流程。

在运行程序之前，需要做两件事：

（1）确定每个词的含义。例如，fmt.Println 就是将括号中的内容打印到屏幕上。

（2）检查是否有语法错误。例如，单词拼写错误等。

下面我们编译第一个 Go 语言程序。输入 go build main.go 后，按下"Enter"键，这时，目录里会多出一个 main 的可执行文件，执行它。

```
./main
```

此时屏幕上会输出 hello Go world。

恭喜你，你已经开了一个好头，下面我们继续吧！

## 2.2 变量

下面在 hello_world.go 中使用一个变量，并且对第二行代码进行修改，例如：

```
message := "hello Go world"
fmt.Println(message)
```

运行这个程序可以发现，输出与前文相同，即输出的仍然是 hello Go world。这里添加了一个名为 message 的变量。变量可以用来存储一个值。在这里，存储的值为文本"hello Go world"。

添加变量导致 Go 语言需要做更多的工作。在处理第 1 行代码时，它将文本"hello Go world"与变量 message 关联起来；而在处理第 2 行代码时，它会把与变量 message 关联的值打印到屏幕上。

下面进一步扩展这个程序：

```
message = "Hello Go world, Wonderfully"
fmt.Println(message)
```

如果运行这个程序,将看到两行输出:

```
hello Go world
Hello Go world, Wonderfully
```

在程序中可以修改变量的值,而 Go 将始终记录变量的最新值。

## 2.3 字符串

简单来说,字符串就是我们平时书写的文字,是一种数据类型,是一连串的字符,在 Go 语言中,通常用引号括起来:

```
"Hello Go world"
"Hello Go world~"
```

在 Go 语言中,字符串中的字符应使用 UTF-8 编码,表示这是 Unicode 文本。Go 语言支持一个字符一个字符地迭代,而且在标准库中存在大量的字符串操作函数。我们可以把 Go 语言中的字符串转化为 Unicode 码点切片(为 [ ]rune 类型),切片是支持直接索引的(切片在后续章节中会学习到)。

**注意**:每个 Unicode 字符都有唯一的叫作"码点"的标识数字。在 Go 语言中,一个单一的码点在内存中以 rune 的形式表示,rune 是 int32 类型的别名。

### 2.3.1 修改字符串的大小写

对于字符串,可执行的最简单的操作就是修改其大小写。请看下面的代码,并尝试判断其作用:

```
name :="peter"
fmt.Println(strings.ToUpper(name))
```

屏幕输出:

```
PETER
```

在这个示例中,小写的字符串"peter"存储在变量 name 中。在 Println()语句中,ToUpper 方法包裹在这个变量的外面。strings.ToUpper()中的句点(.)表示让 Go 语言调用 ToUpper 方法,对变量 name 执行操作。每个方法后面都跟着括号,这是因为在程序执行过程中通常需要一些额外的信息来完成其工作,而这种信息是在括号内提供的。ToUpper 方法可以把字符串中的小写字母处理成大写字母,而我们恰恰是要把变量 name 中的字母都改为大写的,因此把变量 name 放到了括号中。小写处理方法是 strings.ToLower()。

很多时候,我们无法依靠用户来提供正确的大小写,因此需要把字符串先转换为小写,再存储它们。

### 2.3.2 合并(拼接)字符串

在很多情况下都需要合并字符串。例如,将人名和电话号码存储在不同的变量中,在显示时,再将它们合并在一起:

```
name :="Peter"
phone := "13000000000"
user:= name +" "+phone
fmt.Println(user)
```

在 Go 语言中,用加号(+)合并字符串。在这个例子中,使用加号(+)合并了 name、空格和 phone,得到一个用户的联系方式,其结果如下:

```
Peter 13000000000
```

这种合并字符串的方法称为拼接。通过拼接,可使用存储在变量中的信息来创建完整的消息。

常用的拼接字符串的方法有 3 种,当学完后续章节后,再看这部分内容,会发现非常简单。

```
//方法1
user1 := strings.Join([]string{"hello", "world"}, " ")
fmt.Println(user1)

//方法2
user2 := fmt.Sprintf("%s:%s", name, phone)
fmt.Println(user2)

// 方法3
user3 := bytes.Buffer{}
user3.WriteString("hello")
user3.WriteString(" world")
fmt.Println(user3.String())
```

## 2.3.3 使用制表符或换行符添加空白

在编程中,空白泛指任何非打印字符,如空格、制表符和换行符等。我们可以使用空白来组织输出,使其更易读。

想要在字符串中添加制表符,可以使用字符组合\t,代码如下:

```
message := "hello Go world"
fmt.Println(message)
fmt.Println("\t"+message)
```

输出如下:

```
hello Go world
    hello Go world
```

想要在字符串中添加换行符,可以使用字符组合\n,代码如下:

```
foods := "清蒸鱼\n 红烧肉\n 鱼香肉丝"
fmt.Println(foods)
```

输出如下:

```
清蒸鱼
红烧肉
鱼香肉丝
```

还可以在一个字符串中同时包含制表符和换行符:

```
foods2 := "您选择的菜品:\n\t 清蒸鱼\n\t 红烧肉\n\t 鱼香肉丝"
fmt.Println(foods2)
```

输出如下:

```
您选择的菜品:
    清蒸鱼
    红烧肉
    鱼香肉丝
```

## 2.3.4 删除空格

空格很重要,因为我们经常需要对比两个字符串是否相同。但是,如果用户在登录网站输入用户名时额外加了空格,就会让人非常困惑。还好,在 Go 语言中,删除用户输入的多余的空格非常简单:

```
foods3 :="    米饭，馒头，面条    "
foods3=strings.Trim(foods3," ")
fmt.Println(foods3)
米饭，馒头，面条
```

存储在变量 foods3 中的字符串的开头和结尾都包含多个空格，在执行程序时，Go 语言会访问变量 foods3 中的值，可以看到开头和结尾的多个空格。在调用 strings.Trim 方法后，这些多余的空格就被删除了。然而，这种删除只是临时的，想要永久删除这个字符串中的空格，则必须将删除操作的结果存回到变量 foods3 中，再打印到屏幕上，此时打印的就是没有空格的内容了。

Go 语言中的 strings.Trim 方法功能非常强大，它可以替换任何想替换的字符串，代码如下：

```
foods4 :="米饭，馒头，面条    "
result :=strings.Trim(foods4,"米饭")
fmt.Println(result)
```

输出如下：

，馒头，面条

在上面的代码中，我们用了一个新的变量 result 来接收处理结果，这样做的好处是不会破坏原始变量 foods4 中的数据。

这里想要替换掉"米饭"，则只需在 strings.Trim 方法的第二个参数处写上想要替换的文字就可以了。

---

**动起手来**

1. 将用户的姓名存储在一个变量中，再用小写方式和大写方式分别显示这个人名。
2. 找一篇文章，输出在屏幕上，用换行的方式显示出来。
3. 存储一段文字，并在开头和结尾都包含若干个空格，分别各使用\t 和\n 一次。

---

## 2.4 数字

数字可以帮助我们记录或表示可视化数据、存储 Web 应用信息等。下面先来看看 Go 语言是如何使用数字的。

### 2.4.1 整数

在 Go 语言中，可以对整数进行加（+）、减（−）、乘（*）、除（/）运算：

```
fmt.Println(3+4)
```

屏幕输出：7

```
fmt.Println(10-3)
```

屏幕输出：7

```
fmt.Println(2*3)
```

屏幕输出：6

```
fmt.Println(9/3)
```

屏幕输出：3

除此之外，还可以在同一个表达式中使用多种运算，或是使用括号修改运算次序，让 Go 语言按指定次序执行运算：

```
fmt.Println(1+2*3)
```

屏幕输出：7

```
fmt.Println((1+2)*3)
```

屏幕输出：9

### 2.4.2 浮点数

Go 语言提供了两种浮点数：float32 和 float64。float32 可以提供小数点后 6 位的精度，float64 可以提供小数点后 15 位的精度。

通常情况下应优先选择 float64，因为 float32 的精度较低，而且 float32 能精确表达的最小正整数并不大，因为浮点数和整数的底层解释方式完全不同。

同理，我们可以对浮点数进行加（+）、减（−）、乘（*）、除（/）运算，以及修改运算次序。

### 2.4.3 使用 strconv.Itoa 方法避免类型错误

在程序中，经常需要在消息体中使用变量的值，例如下面的代码：

```
age :=25
fmt.Println("我的年龄是:"+age)
```

我们想让上述代码打印"我的年龄是：25"，但在运行上述代码时，发现会报错：

```
Invalid operation: "我的年龄是"+age (mismatched types string and int)
```

这是一个编译错误，意味着 Go 语言无法识别使用的信息。在这个示例中，Go 语言发现使用了一个值为整数的变量，但它不知道该如何解读这个值。Go 语言知道，这个变量表示的是数字 25。像上面这样在字符串中使用整数时，需要显式地指出希望 Go 语言把这个整数当作字符串，因此可以调用 strconv.Itoa 方法：

```
age :=25
fmt.Println("我的年龄是:"+strconv.Itoa(age))
```

这样，Go 语言就可以把数值 25 转换为字符串了，输出如下：

我的年龄是：25

---

**动起手来**

1. 分别使用加、减、乘、除运算，但结果都是数字 8，并将结果输出到屏幕上。
2. 把你的幸运数字存储在一个变量中，再用这个变量说出你的心愿，并打印到屏幕上。

---

## 2.5 注释

注释是一项很有用的功能。当程序越来越大，越来越复杂时，就要在其中添加说明，对解决问题的方法进行大致的描述。

### 1. 如何编写注释

在 Go 语言中，注释用双斜线（//）或/* */来标识。

- 双斜线后面的内容会被 Go 语言忽略，不会执行。
- /* */中间包裹的内容也会被 Go 语言忽略，不会执行。

```
//提供的主食如下
foods4:="米饭，馒头，面条"
result:=strings.Trim(foods4,"米饭")
fmt.Println(result)
```

Go 语言将忽略第 1 行，从第 2 行开始执行。

**2. 应该编写什么样的注释**

编写注释的目的是表明这段代码是做什么的，以及如何做的。在开发项目期间，我们对各个部分如何协同工作十分清楚，但过一段时间后，有些细节可能就不记得了。当然，我们可以通过研究代码来确定各个部分的工作原理，但通过编写注释，用清晰的语言对解决方案进行概述可以节省大量的时间。

想要成为程序员或与其他程序员合作，就必须编写有意义的注释。

**动起手来**

添加注释：给编写的程序至少加上一行注释。如果非常简单，则可以不加，但是要写上这个程序的作者（就是你自己的名字）和日期（开发的时间）。

## 2.6 小结

本章我们学习了：

（1）如何使用变量。

（2）如何创建变量，以及如何命名和消除语法错误。

（3）字符串是什么，以及如何使用大写或小写方式显示字符串。

（4）使用空格来显示有格式的输出，以及如何删除字符串中多余的空格。

（5）如何使用整数和浮点数。

（6）在使用数值数据时需要注意的错误行为。

（7）如何编写注释，让代码更容易理解。

# 第 3 章 数组

## 3.1 数组简介

数组是具有固定长度且拥有 0 个或多个相同数据类型元素的集合。在 Go 语言中，由于数组的长度固定，所以很少直接使用数组，而是经常使用 slice（切片）。

在理解切片之前，要先理解数组，因为它是切片的基础。

简单来说，数组就是把同一类东西放到一起，然后排上序号。因为数组通常包含多个元素，所以在给数组命名时，建议使用复数形式，如 foods、dogs、names 等。在现实生活中，数组无处不在，比如饭店里的菜单：

红烧肉、清蒸鱼、熘大虾、蒸螃蟹、蒜蓉粉丝扇贝等这些都属于菜品。

包子、米饭、面条、馒头等这些都属于主食。

## 3.2 初始化数组元素的3种方式

### 第一种方式

```
var list [5]string
fmt.Println(list)
```

输出结果为[ ]。

为什么明明输出的是 list，但却什么都看不到呢？

因为数组中的元素是 string 类型，而 string 类型的默认值是空字符串，所以它会输出 5 个空字符串，在屏幕上就什么都看不到了。

可以理解为在饭店点菜时，虽然点什么还没确定，但是数量已经定好了，就是 5 个，所以在输出时就是 5 个空格，没有具体的菜名。下面看一下已经点好的菜名是如何输出的。

### 第二种方式

```
var list2 = [5]string{
    "红烧肉", "清蒸鱼", "熘大虾", "蒸螃蟹", "蒜蓉粉丝扇贝",
}
fmt.Println(list2)
```

输出如下：

[红烧肉 清蒸鱼 熘大虾 蒸螃蟹 蒜蓉粉丝扇贝]

前面我们点了菜名，过了一会儿开始上菜，每上一道菜，都会报名字，不仅如此，服务员还会告诉你这是第几道菜。当上最后一道菜时，还会提示"您要的菜上齐了，请慢用。"

```
您点的第一道菜 红烧肉
您点的第二道菜 清蒸鱼
您点的第三道菜 熘大虾
您点的第四道菜 蒸螃蟹
您点的第五道菜 蒜蓉粉丝扇贝
您要的菜上齐了，请慢用。
```

上菜的顺序与点菜的顺序完全相同，即数组里的每个元素都是有顺序的。

### 第三种方式

```
list3 := [5]string{"红烧肉", "清蒸鱼", "熘大虾", "蒸螃蟹", "蒜蓉粉丝扇贝"}
fmt.Println(list3)
```

输出如下：

[红烧肉 清蒸鱼 熘大虾 蒸螃蟹 蒜蓉粉丝扇贝]

可以看到，上面的声明是 [5]string，这个 5 代表的是数组的长度，string 代表的是每个元素的类型。

如果在数组初始化时，不能确定有多少个元素，那么就在[]里用"…"代替数字，这时数组的长度就由初始化数组的元素个数来决定。

```
list4 := [...]string{"红烧肉","清蒸鱼","熘大虾","蒸螃蟹","蒜蓉粉丝扇贝"}
fmt.Println(list4)
```

输出如下：

[红烧肉 清蒸鱼 熘大虾 蒸螃蟹 蒜蓉粉丝扇贝]

两个不同长度的数组可以赋值吗？

```
var list5 =[3]string{"米饭","馒头","包子"}
list5=list4
```

此时代码会报错，具体如下：

```
Cannot use 'list4' (type [5]string) as type [3]string
```

在把[5]string 的数组赋值给[3]string 的数组时编译会报错，因为 Go 语言认为[3]string 和[5]string 是两种不同的类型，所以会报错。

数组的长度必须是常量，这个值在程序编译时就可以确定。

如果一个数组中的元素类型是可比较的，那么这个数组就是可比较的，此时可以使用==运算符来比较两个数组，例如：

```
fmt.Println(list2==list4)
```

屏幕输出：true

## 3.3 访问数组元素

数组是有序集合，想要访问数组中的任何元素，只需将该元素的位置或索引告诉 Go 语言即可。在访问数组元素时，需要先指出数组的名称，再指出元素的索引，并将其放在方括号内。

**示例**

```
var list2 = [5]string{
    "红烧肉", "清蒸鱼", "熘大虾", "蒸螃蟹", "蒜蓉粉丝扇贝",
}
fmt.Println(list2[0])
```

屏幕输出：红烧肉

上面演示了访问数组元素的语法。当请求获取数组元素时，Go 语言只返回该元素，而不包括大括号和双引号。

## 3.4 索引是从 0 而不是从 1 开始的

在 Go 语言中，第一个数组元素的索引为 0，而不是 1。在大多数编程语言中都是如此，这与数组操作的底层实现有关。

第二个数组元素的索引为 1。根据这种简单的方式，要访问列表的任何元素，都可以将其位置减 1，并将结果作为索引，例如，想要访问第 3 个元素，则可以使用索引 2。

```
var list2 = [5]string{
    "红烧肉", "清蒸鱼", "熘大虾", "蒸螃蟹", "蒜蓉粉丝扇贝",
}
fmt.Println(list2[2])
```

屏幕输出：熘大虾

## 3.5 使用数组中的各个值

可以像使用其他变量一样使用数组中的各个值。例如，可以根据数组中的值使用拼接的方式创建消息。

下面尝试从列表中点一道菜，并使用这个值创建一条消息：

```
var list = [5]string{
    "红烧肉", "清蒸鱼", "熘大虾", "蒸螃蟹", "蒜蓉粉丝扇贝",
}
message:="我点一个菜"+list[1]
fmt.Println(message)
```

屏幕输出：我点一个菜清蒸鱼

首先我们使用 list[1] 的值生成了一个句子，并将其存储在变量 message 中，然后输出。

---

**动起手来**

尝试编写一些简短的程序完成下面的练习，以便获得一些使用 Go 语言数组的第一手经验。你可能需要为每章的练习创建一个文件夹，以整洁有序的方式存储，以便完成各章的练习程序。

1. 狗的种类：将一些狗的种类名称存储在一个数组中，并将其命名为 dogs。依次访问数组中的每个元素，并将每个种类的名称都打印出来。

2. 继续使用上面的数组，但不打印每个种类的名称，而是为每种类型的狗打印一条消息，但标题为相应种类的名称。

---

## 3.6 遍历数组

在日常工作中，经常需要遍历数组中的所有元素，对每个元素执行相同的操作。例如，在饭店，就需要将每道菜都展示给顾客们看。

在 Go 语言中，一般通过 for range 循环处理遍历数组的问题。

首先，定义一个数组（菜单）。然后，定义一个 for 循环。for 循环这行代码可以让 Go 语言从数组 list 中取出一个下标和对应的元素，并将其存储在变量 idx 和 item 中。最后，让 Go 语言打印变量 idx 和 item。这样，对于数组中的每个元素及其下标都将重复执行一遍。

- 第一个变量 idx 是元素所在数组中的索引值。
- 第二个变量 item 是元素本身。

```
var list = [5]string{
    "红烧肉","清蒸鱼","熘大虾","蒸螃蟹","蒜蓉粉丝扇贝",
}
for idx,item := range list{
    desc:=fmt.Sprintf("%d-%s",idx,item)
    fmt.Println(desc)
}
```

输出如下：

0-红烧肉
1-清蒸鱼

2-熘大虾
3-蒸螃蟹
4-蒜蓉粉丝扇贝

## 3.7 循环

循环这个概念很重要，因为它是计算机自动完成重复工作的常见方式之一。例如，在前文的例子中使用了一个简单的循环，Go 语言将首先读取其中的第一行代码：

```
for idx,item := range list{
```

这行代码可以让 Go 语言获取数组 list 中的第一个下标 0 和对应的值（红烧肉），并将其存储在变量 idx 和 item 中。接下来，Go 语言执行下面两行代码，这个时候 idx 仍然是 0，item 仍然是红烧肉。

```
//拼接字符串，并把结果放到变量 desc 中
desc:=fmt.Sprintf("%d-%s",idx,item)
//将变量 desc 的值输出到屏幕上
fmt.Println(desc)
```

由于数组中还包含其他值，所以 Go 语言会回到循环的第一行代码，即 for idx,item := range list{ 处。

Go 语言继续获取数组 list 中的第二个下标 1 和对应的值（清蒸鱼），将其存储在变量 idx 和 item 中，并再次执行下面的代码：

```
desc:=fmt.Sprintf("%d-%s",idx,item)
fmt.Println(desc)
```

Go 语言再次将变量 desc 的值输出到屏幕上，接下来，Go 语言会执行整个循环，直至对数组中的最后一个值"蒜蓉粉丝扇贝"进行处理。至此，数组中没有其他值了，因而 Go 语言接着执行程序的下一行代码。在这个例子中，由于 for 循环后面没有其他代码，因此程序就此结束。

刚开始使用循环时请牢记，对列表中的每个元素，都将执行循环指定的步骤，而不管数组中包含多少个元素。

## 3.8 修改数组中的元素

修改数组中的元素的语法与访问数组中的元素的语法类似。想要修改数组中的元素，需要先指定数组名和要修改的元素的索引，再指定该元素的新值。

假设某个饭店有一个主食的数组可供选择，其中第一个元素为米饭，但是已经卖光了，只有饺子和其他两种主食可以卖，应如何修改它的值呢？

```
var list =[3]string{"米饭","馒头","包子"}
list[0]="饺子"
fmt.Println(list)
```

输出如下：

```
[饺子 馒头 包子]
```

可以看到已经把第一个元素（下标为 0 的位置）改成了新的值"饺子"。

首先定义一个主食数组，其中第一个元素为"米饭"。接下来，将第一个值改为"饺子"。从输出可以看出，第一个元素的值确实变了，并且其他数组元素的值没有变化。

## 3.9 使用列表时应避免索引错误

刚开始使用数组时经常会遇到一种错误，比如对一个只有 5 个元素的数组，获取其第 5 个元素：

```
var list = [5]string{
    "红烧肉", "清蒸鱼", "熘大虾", "蒸螃蟹", "蒜蓉粉丝扇贝",
}
    fmt.Println(list)
    fmt.Println(list[5])
```

此时会提示如下错误，即很明确地告诉你，你的数组有 5 个元素，而你要访问的索引是 5，超出了数组范围。

```
Invalid array index 5 (out of bounds for 5-element array)
```

因为在数组中，索引值是元素个数减 1，而初学者经常从 1 开始数，以为第 5 个元素的索引为 5，所以出错。在 Go 语言中，第 5 个元素的索引为 4，因为索引是从 0 开始的。

## 3.10 小结

本章我们学习了：

（1）如何创建数组；

（2）如何访问数组；

（3）如何遍历查看数组中的每一项；

（4）避免数组越界问题，否则会报错；

（5）数组的第一位是从 0 开始的。

# 第 4 章

# 切片

## 4.1 切片简介

切片是相同类型元素的可变长度的集合，通常表示为[]type。同一切片中的元素类型都是同一个 type 的，它看上去很像数组，但没有长度。

每个切片都由三部分组成：

- 指向底层数组中某个元素的指针：指向数组的第一个从切片访问的元素，这个元素并不一定是数组的第一个元素。一个底层数组可以对应多个切片，这些切片可以引用数组的任何位置，并且彼此之间的元素可以重叠。
- 长度（length/len）：切片中的元素个数。
- 容量（capacity/cap）：为切片分配的存储空间。

切片类型的初始化值是 nil，没有对应的底层数组，并且长度和容量都为 0，所以切片只能和 nil 比较。如果想检查切片是否为空，则可以使用 len(s)==0 来判断。

数组和切片关联得很紧密。切片可以访问数组的全部或者部分元素，从图 4-1 中可以看出，我们可以从起始位置切到结束位置。

图 4-1

### 4.1.1 创建切片

**第一种方式：基于数组创建**

```
func main() {
    var foods =[5]string{"红烧肉", "清蒸鱼", "熘大虾", "蒸螃蟹", "鲍鱼粥"} ①
    var foodsSlice []string = foods[0:3]  ②
    fmt.Println(foodsSlice)
}
```

说明：

①创建一个 string 类型的数组。

②基于数组创建一个切片。

输出也是一个切片，具体如下：

[红烧肉 清蒸鱼 熘大虾]

Go 语言支持以 foods[开始:结束]这样的方式基于数组生成一个切片。

如果想提取数组的第 2~4 个元素，则可以将起始索引指定为 1，将终止索引指定为 4：

```
fmt.Println(foods[1:4])
```

输出如下:

[清蒸鱼 熘大虾 蒸螃蟹]

这一次,切片从"清蒸鱼"开始,到"蒸螃蟹"结束。

这里要注意一下,Go 语言的切片原则是"左含右不含",1 代表数组中索引为 1 的元素,这个元素是包含的,4 是数组中的"鲍鱼粥"元素,但是,Go 语言中不包含这个索引值,而是包含到 4 减 1,即索引值为 3 的元素,所以到"蒸螃蟹"元素为止。如果没有指定第一个索引,那么 Go 语言将自动从数组的第 0 个元素开始:

```
fmt.Println(foods[:2])
```

输出如下:

[红烧肉 清蒸鱼]

要想让切片终止于结尾,也可以使用类似的语法。例如,如果要选择从第 4 个到末尾的所有菜名,则可以将起始索引指定为 3,并省略终止索引:

```
fmt.Println(foods[3:])
```

输出如下:

[蒸螃蟹 鲍鱼粥]

**第二种方式:直接创建**

```
var foodsSlice2 =[]string{"红烧肉", "清蒸鱼", "熘大虾", "蒸螃蟹", "鲍鱼粥"}
```

**第三种方式:使用内置函数 make 创建切片**

```
make([]type,len)
make([]type,len,cap)

foodsSlice3:= make([]string,6)
foodsSlice4:= make([]string,6,8)
```

foodsSlice3 和 foodsSlice4 的长度都是 6,它们的容量分别是 6 和 8。

其中,cap 可以省略,此时切片的长度和容量相等,所以 foodSlice3 的长度和容量都是 6。如果在声明时指定了容量,那么实际容量就是指定值,这里 foodSlice4 的容量就是 8。可以把切片看作是对数组的简单封装,因为在每个切片的底层数据结构中,一定会包含一个数组,所以数组也被称作切片的底层数组。切片可以看作是对数组连续片段的引用,既可以是部分数组,也可以是全部数组。

以 foodsSlice2 为例,foodsSlice2 的长度实际上就是指明菜名的个数。由于 foodsSlice2 的长度是 5,所以我们可以看到底层数组中的第一个元素到第 5 个元素,对应底层数组的索引范围是 0~4,即每个菜名都对应着底层数组中的某一个元素。

看一下下面这个切片的长度和容量:

```
foodsSlice5 := foodsSlice2[1:4]
```

长度是 4 减 1,即 3。容量是多少呢?

由于 foodsSlice5 是在 foodsSlice2 上使用切片操作得来的,所以 foodsSlice2 的底层数组就是 foodsSlice5 的底层数组。因为在底层数组不变的情况下切片是可以向右扩展的,直到底层数组的末尾,所以 foodsSlice5 的容量应该是 4。

```
fmt.Println(len(foodsSlice5))
fmt.Println(cap(foodsSlice5))
```

下面验证一下,输出如下:

```
3
4
```

使用 len() 可以获取切片的长度,使用 cap() 可以获取容量的大小。

下面看一下切片的扩容:

```
foodSlice4 :=[]string{"红烧肉"}
fmt.Println(foodSlice4)
fmt.Println(fmt.Sprintf("Len:%d",len(foodSlice4)))
fmt.Println(fmt.Sprintf("Cap:%d",cap(foodSlice4)))
foodSlice4 = append(foodSlice4, "清蒸鱼")
fmt.Println(fmt.Sprintf("Len:%d",len(foodSlice4)))
fmt.Println(fmt.Sprintf("Cap:%d",cap(foodSlice4)))

foodSlice4 = append(foodSlice4, "熘大虾")
fmt.Println(fmt.Sprintf("Len:%d",len(foodSlice4)))
fmt.Println(fmt.Sprintf("Cap:%d",cap(foodSlice4)))

foodSlice4 = append(foodSlice4, "蒸螃蟹")
fmt.Println(fmt.Sprintf("Len:%d",len(foodSlice4)))
fmt.Println(fmt.Sprintf("Cap:%d",cap(foodSlice4)))

foodSlice4 = append(foodSlice4, "鲍鱼粥")
```

```
fmt.Println(fmt.Sprintf("Len:%d",len(foodSlice4)))
fmt.Println(fmt.Sprintf("Cap:%d",cap(foodSlice4)))
```

输出如下：

```
len:1
cap:1
len:2
cap:2
len:3
cap:4
len:4
cap:4
len:5
cap:8
```

可以看到，cap 是随着 len 的增加而增加的，当增加"熘大虾"这个元素后，len 是 3，cap 是 4。再增加一个元素"蒸螃蟹"，此时容量还有一个位置，所以在追加"蒸螃蟹"元素时，底层数组没有重新分配，调用的结果是切片的长度和容量都是 4。随后，切片增加一个元素"鲍鱼粥"。这时原来的切片没有空间了，所以分配了一个长度为 8 的新数组，然后把原来的 4 个元素[红烧肉 清蒸鱼 熘大虾 蒸螃蟹]都复制到新的数组中，最后再追加新元素"鲍鱼粥"。此时切片长度是 5，而容量是 8，多分配的 3 个位置留给后续的添加值使用。

从上面可以看出，切片的扩容不是改变原切片指向的底层数组，而是生成一个容量更大的底层数组，然后把原切片中的元素和新元素一起复制到新切片中。一般来说，可以简单认为新切片的容量是旧切片的 2 倍。如果原切片的长度大于 1024，则新切片的容量是旧切片的 1.25 倍。只要新长度不超过原切片的容量，那么使用 append 函数对其追加元素时，就不会引起扩容。

---

**动起手来**

初始化一个"苹果、橘子、香蕉、西瓜、大鸭梨"的切片。

---

### 4.1.2 访问切片元素

切片是有序的集合，想要访问其中的任何元素，只需要把该元素的索引告诉切片即可，即先指出切片的名称，再指出元素的索引，并将其放在方括号内。

格式：切片名称[索引]

访问切片元素的代码如下：

```
...
foods :=make([]string,6,8)
foods[0]="红烧肉"
foods[1]="清蒸鱼"
foods[2]="熘大虾"
foods[3]="蒸螃蟹"
foods[4]="鲍鱼粥"
fmt.Println(foods[3])
```

输出如下：

蒸螃蟹

获取切片最末尾的元素：

```
last := foods[len(foods)-1]
fmt.Println(last)
```

这与数组访问元素是一样的。

---

**动起手来**

1. 初始化一个"苹果、橘子、香蕉、西瓜、大鸭梨"的切片。
2. 在屏幕上输出"橘子"。

---

## 4.1.3 遍历切片元素

遍历切片元素的代码如下：

```
foods :=make([]string,6,8)
foods[0]="红烧肉"
foods[1]="清蒸鱼"
foods[2]="熘大虾"
foods[3]="蒸螃蟹"
foods[4]="鲍鱼粥"
for idx,item:=range foods5{
    fmt.Println(idx)
    fmt.Println(item)
    fmt.Println("-------")
}
```

输出如下：

```
0
红烧肉
-------
1
清蒸鱼
-------
2
熘大虾
-------
3
蒸螃蟹
-------
4
鲍鱼粥
-------
```

这与数组遍历是一样的。

---

**动起手来**

1. 初始化一个"苹果、橘子、香蕉、西瓜、大鸭梨"的切片。
2. 遍历切片元素，在屏幕上输出"序号和元素"。

---

### 4.1.4 复制切片

在实际工作中，经常需要根据既有的切片创建全新的切片。下面介绍列表的工作原理，以及如何复制切片。

想要复制切片，则必须创建一个包含整个列表的切片。方法是同时省略起始索引和终止索引（[:]），这时 Go 语言创建一个始于第一个元素，终于最后一个元素的切片，即复制整个切片。

仍以餐馆里的菜单为例，比如你点了某些菜，其他客人同样点了这些菜，此时就可以通过复制切片来创建这个切片。

**第一种方式**

首先创建一个名为 foods 的切片，然后创建一个名为 other_foods 的新切片。在不指定容量和长度一样的情况下，从 foods 切片中提取切片，再把提取的切片内容赋值给 other_foods 切片，从而创建这个切片。

```
var foods =[]string{"红烧肉", "清蒸鱼", "熘大虾", "蒸螃蟹", "鲍鱼粥"}
var other_foods = foods[:]
fmt.Println(other_foods)
```

最终打印每个切片后,发现它们包含的菜品名称相同。

输出如下:

[红烧肉 清蒸鱼 熘大虾 蒸螃蟹 鲍鱼粥]

**第二种方式**

Go 语言的内置函数 copy,可以把内容从一个数组切片复制到另一个数组切片。如果加入的两个数组切片大小不同,则按较小的那个数组切片元素来复制。

```
foodsSlice6:=[]string{"米饭","面条"}
copy(foodsSlice6,foodsSlice2)
fmt.Println(foodsSlice2)
fmt.Println(foodsSlice6)
```

输出如下:

[红烧肉 清蒸鱼 熘大虾 蒸螃蟹 鲍鱼粥]
[红烧肉 清蒸鱼]

```
copy(foodsSlice2,foodsSlice6)
fmt.Println(foodsSlice2)
fmt.Println(foodsSlice6)
```

输出如下:

[红烧肉 清蒸鱼 熘大虾 蒸螃蟹 鲍鱼粥]
[红烧肉 清蒸鱼]

---

**动起手来**

1. 初始化一个"苹果、橘子、香蕉、西瓜、大鸭梨"的切片。
2. 复制一个切片,使其中的元素与上面的切片完全相同。

---

## 4.2 修改、添加和删除元素

创建的切片是动态的,这意味着切片在创建后,会随着程序的运行添加或删除其中的元素。例如,在饭店点餐之后,会形成一个单独的菜单,我们可以把这个菜单看作切片。如果在吃的过程中增加了菜品，则可以看作是向切片中添加元素。如果饭店因为缺少某些菜品的原材料，则会删除这些菜品，即从切片中删除元素；或者换成另一个菜品，即修改切片中的元素。

### 4.2.1 修改切片元素

修改切片元素的语法与访问切片的语法类似。想要修改切片中的元素，则需要先指定切片名和要修改的元素的索引，再指定该元素的新值。

例如，点餐的菜单如下：

```
var foods =[]string{"红烧肉", "清蒸鱼", "熘大虾", "蒸螃蟹", "鲍鱼粥"}
fmt.Println(foods)
foods[0] = "烤生蚝"
fmt.Println(foods)
```

输出如下：

```
[红烧肉 清蒸鱼 熘大虾 蒸螃蟹 鲍鱼粥]
[烤生蚝 清蒸鱼 熘大虾 蒸螃蟹 鲍鱼粥]
```

首先定义一个点餐的切片，其中第一个元素为"红烧肉"。接下来，将第一个元素的值改为"烤生蚝"。从上面的输出可以看出，第一个元素的值已经改变，而其他元素的值并未发生变化。依此类推，我们可以修改任意切片元素的值。

---

**动起手来**

1. 初始化一个"苹果、橘子、香蕉、西瓜、大鸭梨"的切片。
2. 把大鸭梨换成菠萝。

---

### 4.2.2 在切片中添加元素

#### 1. 在切片末尾添加元素

在添加新元素时，最简单的方式是把元素添加到切片末尾。继续使用前文示例中的切片：

```
var foods =[]string{"红烧肉", "清蒸鱼", "熘大虾", "蒸螃蟹", "鲍鱼粥"}
fmt.Println(foods)
foods= append(foods, "三文鱼")
fmt.Println(foods)
```

输出如下：

[红烧肉 清蒸鱼 熘大虾 蒸螃蟹 鲍鱼粥]

[红烧肉 清蒸鱼 熘大虾 蒸螃蟹 鲍鱼粥 三文鱼]

方法 append 可以将元素"三文鱼"添加到切片末尾,而不影响切片中的其他元素。方法 append 使动态创建切片变得非常容易。例如,可以先创建一个空切片,再使用方法 append 添加元素。下面创建一个空切片,再在其中添加元素"红烧肉""清蒸鱼""熘大虾""蒸螃蟹"和"鲍鱼粥"。

```
foods2 :=[]string{}
foods2 = append(foods2, "红烧肉")
foods2 = append(foods2, "清蒸鱼")
foods2 = append(foods2, "熘大虾")
foods2 = append(foods2, "蒸螃蟹")
foods2 = append(foods2, "鲍鱼粥")
fmt.Println(foods2)
```

输出如下:

[红烧肉 清蒸鱼 熘大虾 蒸螃蟹 鲍鱼粥]

最终,切片中的元素与前文示例中的完全相同。

这种创建切片的方式十分常见,因为经常要等待程序运行后,才能知道用户在程序中存储了哪些数据。因此,可以先创建一个空列表,存储用户将要输入的值,然后将用户提供的新值附加到列表中。

为切片 foods 扩展 5 个元素长度:

```
foods :=[]string{"红烧肉", "清蒸鱼", "熘大虾", "蒸螃蟹", "鲍鱼粥"}
foods = append(foods, make([]string, 5)...)
fmt.Printf("foods 长度: %d\n",len(foods))
fmt.Printf("foods 容量: %d\n",cap(foods))
```

在索引 2 的位置插入新元素——三文鱼:

```
foods :=[]string{"红烧肉", "清蒸鱼", "熘大虾", "蒸螃蟹", "鲍鱼粥"}
foods = append(foods[:2], append([]string{"三文鱼"}, foods[2:]...)...)
fmt.Println(foods)
```

输出如下:

[红烧肉 清蒸鱼 三文鱼 熘大虾 蒸螃蟹 鲍鱼粥]

在索引 4 的位置插入长度为 3 的新切片:

```
foods = append(foods[:4], append(make([]string, 3), foods[4:]...)...)
```

```
fmt.Println(foods)
```

输出如下：

[红烧肉 清蒸鱼 熘大虾 蒸螃蟹　　鲍鱼粥]

在索引 4 的位置插入切片 foods2 中的所有元素：

```
foods2 :=[]string{"米饭","面条","馒头"}
foods = append(foods[:4], append(foods2, foods[4:]...)...)
fmt.Println(foods)
```

输出如下：

[红烧肉 清蒸鱼 熘大虾 蒸螃蟹 米饭 面条 馒头 鲍鱼粥]

**动起手来**

1. 初始化一个"苹果、橘子、香蕉、西瓜、大鸭梨"的切片。
2. 给切片添加"牛油果"和"榴莲"两个新元素。

### 4.2.3 从切片中删除元素

仍然使用前文菜单的例子：

```
var foods =[]string{"红烧肉","清蒸鱼","熘大虾","蒸螃蟹","鲍鱼粥"}
```

例如要删除"蒸螃蟹"，它的索引是 3，即 foods[3:]：

```
foods2 := append(foods[:2], foods[3:]...)
fmt.Println(foods2)
```

第 1 步，找到待删除元素前面的切片。

第 2 步，找到待删除元素后面的切片。

第 3 步，把这两个切片组合起来，即可达到删除元素的目的。

这里要注意(...)，因为在使用方法 append 时，需要添加具体的每个单独的元素，而 foods[3] 是一个切片，所以 Go 语言用(...)把一个切片打散成单独的元素，这样就可以使用方法 append 了。最终效果如图 4-2 所示。

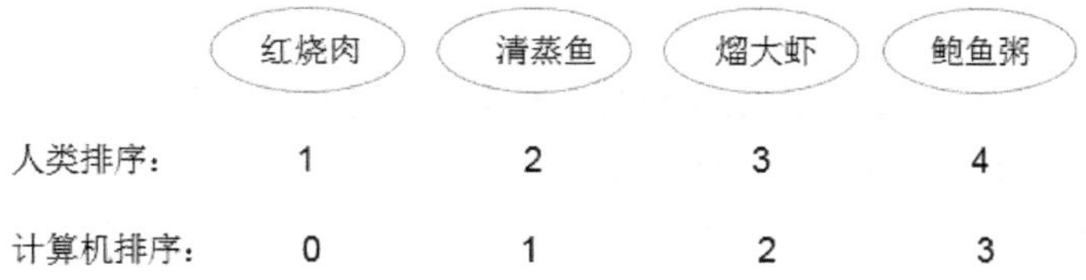

|        | 红烧肉 | 清蒸鱼 | 熘大虾 | 鲍鱼粥 |
|--------|------|------|------|------|
| 人类排序： | 1 | 2 | 3 | 4 |
| 计算机排序： | 0 | 1 | 2 | 3 |

图 4-2

## 4.3 使用切片时应避免索引错误

先来看下面的代码：

```
foods :=[]string{"红烧肉", "清蒸鱼", "熘大虾", "蒸螃蟹", "蒜蓉粉丝扇贝"}
fmt.Println(foods[5])
```

运行上面的代码，报错如下：

```
panic: runtime error: index out of range [5] with length 5
```

Go 语言试图提供位于索引 5 处的元素，但它在搜索切片 foods 时，发现索引 5 处没有元素。这是因为有些人从 1 开始数，以为第 5 个元素的索引就是 5，但在 Go 语言中，第 5 个元素的索引为 4，因为索引是从 0 开始的。

索引错误意味着 Go 语言无法理解我们指定的索引。当程序发生索引错误时，请尝试将指定的索引减 1，然后再次运行程序，看看结果是否正确。每当需要访问最后一个切片元素时，都建议使用长度减 1。

```
fmt.Println(foods[len(foods)-1])
```

输出如下：

蒜蓉粉丝扇贝

---

**动起手来**

有意引发错误：如果在程序中还没有遇到过索引错误，就尝试引发一个索引错误，即在现有的一个程序中，修改其中的索引，引发索引错误。

**动起手来**

1. 选择本章编写的例子，在末尾添加几个元素（你喜欢的菜品名称），完成下面的任务：
①在增加了你喜欢的菜品名称之后，打印整个切片。
②打印切片的前 3 个元素。
③打印切片中间的 3 个元素。
④打印切片末尾的 3 个元素。
2. 使用 for range 循环把上面的切片都打印出来。

## 4.4 遍历切片时容易犯的错误

先来看下面的代码：

```
foods :=[]string{"红烧肉", "清蒸鱼", "熘大虾", "蒸螃蟹", "鲍鱼粥"}        //①
foods2 := make([]*string, len(foods))                              //②
for i, value := range foods {                                      //③
foods2[i] = &value
}
fmt.Println(foods[0], foods[1], foods[2],foods[3],foods[4])         //④
fmt.Println(*foods2[0], *foods2[1], *foods2[2],*foods2[3], *foods2[4])
```

说明：

①创建一个切片 foods。

②创建一个基于 string 指针的切片 foods2。

③在 for range 循环中，试图遍历切片 foods 中的每个元素，获取其指针地址，并赋值给切片 foods2 中与索引 i 相对应的位置。

④分别输出切片 foods 和切片 foods2 中的每个元素。

输出如下：

```
红烧肉 清蒸鱼 熘大虾 蒸螃蟹 鲍鱼粥
鲍鱼粥 鲍鱼粥 鲍鱼粥 鲍鱼粥 鲍鱼粥
```

从结果来看，切片 foods2 中的 5 个元素都指向了 foods 中的最后一个元素。这是为什么呢？问题就出现在 for range 循环中。

在 Go 语言的 for range 循环中，始终使用值拷贝的方式代替被遍历的元素本身，也就是说，

for range 循环中的 value 是一个值拷贝，而不是元素本身。当我们期望使用&获取元素的地址时，实际上只取到了 value 这个临时变量的地址，而非切片 foods 中真正被遍历到的某个元素的地址。而在整个 for range 循环中，value 这个临时变量会被重复使用，所以在上面的例子中，切片 foods2 被填充了 5 个相同的地址，并且都是 value 的地址。而在最后一次循环中，value 被赋值为鲍鱼粥。因此，切片 foods2 在输出时显示 5 个"鲍鱼粥"。

把上述代码调整如下：

```
for i, _ := range foods {
    foods2[i] = &foods[i]
}
```

输出如下：

红烧肉 清蒸鱼 熘大虾 蒸螃蟹 鲍鱼粥
红烧肉 清蒸鱼 熘大虾 蒸螃蟹 鲍鱼粥

通过变量 i 访问每个元素，问题即可得到解决。

## 4.5 小结

切片是围绕底层数组的概念构建的，能够按需自动扩张和缩小。

切片底层数组的个数就是底层数组的长度，一旦初始化以后，容量就固定了，但是切片的元素个数是可以动态增加或减少的，所以在 Go 语言中，经常使用切片。

还记得前文说的 make 内置函数吧，如果要使用它，则需要 3 个信息：

```
make([]T,len,cap)
```

- []T：表示类型。这个 T 可能是 int 型、string 型，或者是自定义的一种类型。
- len（长度）：切片元素的个数，不能超过切片的容量。切片有自己的长度。
- cap（容量）：从切片的起始元素到最后一个元素之间的个数，它就是底层数组的长度。

数组和切片关联得很紧密。

| 切片 1 | "清蒸鱼" | "熘大虾" | | |
| --- | --- | --- | --- | --- |
| 切片 2 | "熘大虾" | "蒸螃蟹" | "蒜蓉粉丝扇贝" | |
| 数组 | "红烧肉" | "清蒸鱼" | "熘大虾" | "蒸螃蟹" | "蒜蓉粉丝扇贝" |

数组索引    0         1         2         3         4

切片可以访问数组的全部或者部分元素,可以从数组的起始位置切到结束位置。

如何访问切片上的每个元素呢?

指针:指向数组的第一个从切片访问的元素,这个元素不一定是数组的第一个元素。

一个底层数组可以对应多个切片,这些切片可以引用数组的任何位置,彼此之间的元素可以重叠。

通过调用内置函数 len,可以得到切片的长度。通过调用内置函数 cap,可以得到切片的容量。需要注意的是,数组的容量永远等于其长度,是不可变的。而切片的容量是可变的,并且它的变化是有规律可循的。

# 第 5 章
# 流程控制

## 5.1 if 语句

在编程时经常需要根据一系列条件，决定采取什么措施。在 Go 语言中，if 语句可以检查程序的当前状态，并据此采取相应的措施。

**一个简单示例**

下面用一个简单示例演示如何使用 if 语句正确地处理特殊情况。假设我们想将菜单上每个菜品的名称都打印出来，并且显示优惠菜"**鲍鱼粥，今日免费赠送**"。

```
foods :=[]string{"红烧肉", "清蒸鱼", "熘大虾", "蒸螃蟹", "鲍鱼粥"}

for _,item :=range foods{
    if item=="鲍鱼粥"{
```

```
        fmt.Println("鲍鱼粥,今日免费赠送")
    } else{
        fmt.Println(item)
    }
}
```

输出如下:

```
红烧肉
清蒸鱼
熘大虾
蒸螃蟹
鲍鱼粥,今日免费赠送
```

在这个示例中,for range 循环首先检查当前的菜品名称是不是"鲍鱼粥"。如果是"鲍鱼粥",就在屏幕上显示"鲍鱼粥,今日免费赠送"。

---

**动起手来**

1. 初始化一个"苹果、橘子、香蕉、西瓜、大鸭梨"的切片。
2. 判断如果是西瓜,就在屏幕上输出"今日西瓜特价"。

---

## 5.2 条件测试

每条 if 语句的核心都是一个值为 true 或 false 的表达式,这种表达式被称为条件测试。Go 语言可根据条件测试的值决定是否执行 if 语句后面的代码。如果条件测试的值为 true,就执行紧跟在 if 语句后面的代码。如果条件测试的值为 false,就忽略这些代码。

### 5.2.1 检查是否相等

大多数条件测试都是将一个变量的当前值与特定值进行比较。最简单的条件测试是检查变量的值是否与特定值相等:

```
name := "麻辣小龙虾"  //①
name == "麻辣小龙虾"  //②
```

说明:

①将 name 的值设置为"麻辣小龙虾"。

②使用相等运算符（==）检查 name 的值是否为"麻辣小龙虾"。

当相等运算符（==）两边的值相等时就返回 true，否则返回 false。

```
name :="麻辣小龙虾"
if name=="麻辣小龙虾"{
    fmt.Println("晚上吃麻辣小龙虾")
}
```

想要判断两个值是否不相等，则可以使用惊叹号和等号的组合（!=）来判断，其中惊叹号表示"否"。

```
cause :="正常下班"
if cause!="加班"{
    fmt.Println("晚上吃大餐")
}
```

将 cause 的值与"加班"进行比较，如果它们不相等，则返回 true，执行紧跟在 if 语句后面的代码；如果它们相等，则返回 false，不执行紧跟在 if 语句后面的代码。由于 cause 的值不是"加班"，因此执行结果如下：

晚上吃大餐去

一般来说，检查两个值是否不相等的效率更高。

## 5.2.2 比较数字

比较数字非常简单，代码如下：

```
price := 1288
if price==1288{
    fmt.Println("赠送优惠卡一张")
}
```

因为 price==1288，所以返回的是 true，执行结果如下：

赠送优惠卡一张

## 5.2.3 检查多个条件

有时候需要同时检查多个条件，例如，只有当两个条件都为 true 时，才执行相应的操作。而有时又只需要一个条件为 true 就执行相应的操作，这时可以使用"&&"和"||"来解决。"&&"和"||"是逻辑运算符。

- && 表示并且。
- || 表示或者。

### 1. 使用"&&"检查多个条件

想要检查两个条件是否都为 true，可以使用"&&"将两个条件合二为一。如果每个条件都通过了测试，那么整个表达式为 true。只要有一个条件没有通过测试，则整个表达式就为 false。

```
foods :=[]string{"红烧肉","清蒸鱼","熘大虾","蒸螃蟹","蒜蓉粉丝扇贝"}
price := 1288
if price==1288 && len(foods)>3{
    fmt.Println("赠送优惠卡三张")
}
```

两个条件都返回 true，输出如下：

赠送优惠卡三张

### 2. 使用"||"检查多个条件

```
if price==1288 || len(foods)<3{
    fmt.Println("赠送优惠卡一张")
}
```

只要有一个条件通过测试，整个表达式就为 true。只有当两个条件都没有通过测试时，整个表达式才为 false。

## 5.2.4 检查在切片中是否包含特定值

通常在执行操作之前，需要检查切片中是否包含特定值，在 Go 语言中这就是遍历，需要配合 if 语句进行操作，代码如下：

```
for _,item :=range foods{
    if item=="鲍鱼粥"{
        fmt.Println("鲍鱼粥,今日免费赠送")
    } else{
        fmt.Println(item)
    }
}
```

## 5.2.5 布尔表达式

布尔表达式是条件测试的别名，与表达式一样，布尔表达式的结果为布尔值，它要么为 true，要么为 false。

布尔表达式通常用于记录条件，例如：

```
canEat:= false
canGo:=true
```

在跟踪程序状态或程序中重要的条件方面，用布尔值可以提高效率。

## 5.2.6 if-else 结构

当需要检查的条件超过两个时，则可以使用 Go 语言提供的 if-else 结构。在 Go 语言中，只需执行 if-else 结构中的一个代码块，它即可依次检查每个条件测试，直到通过条件测试为止。在通过测试后，Go 语言将执行紧跟在它后面的代码，并跳过余下的测试。

```
if price<1288{
    fmt.Println("没有优惠")
}else if price==1288 {
    fmt.Println("赠送优惠卡一张")
} else{
    fmt.Println("赠送优惠卡两张")
}
```

第一个 if 语句检测消费是否小于 1288 元。如果是，则打印一条合适的信息，并跳过余下的测试。 else if 代码行其实是另一个 if 语句，仅在前面的测试未通过时它才会被执行。假设刚好消费了 1288 元，则打印"赠送优惠卡一张"。

如果有一桌客人消费了 1888 元，那么前两个测试的检测结果都是 false，此时会跳到 else 代码块中，打印"赠送优惠卡两张"。

（1）有多个 else if 代码行：

```
if price<1288{
    fmt.Println("没有优惠")
}else if price==1288 {
    fmt.Println("赠送优惠卡一张")
}else if price== 1688{
    fmt.Println("赠送优惠卡一张+赠送果盘一个")
} else{
    fmt.Println("赠送优惠卡两张")
}
```

（2）省略 else 代码块：

```
if price<1288{
    fmt.Println("没有优惠")
}else if price==1288 {
    fmt.Println("赠送优惠卡一张")
}else if price== 1688{
    fmt.Println("赠送优惠卡一张+赠送果盘一个")
}
```

**动起手来**

1. 假设有 5 个朋友聚会，每人需要点一道菜，请编写一条 if 语句，检查已点菜的数量是否超过总人数。如果菜品数量和总人数相等，则使用 for 循环语句打印点的每一道菜品。

2. 如果点多了，那么请删除一些菜品，使最终的菜品数量和聚会人数相等。若以上信息核对无误，则最终打印："服务员，点好了，可以下单了！"

3. 在聚会过程中，突然有一个朋友不确定是否能来参加聚会，为了做好预案，请编写 if 语句，提前给他点一道菜品。

## 5.3 switch 语句

在 Go 语言中，switch 语句也可以控制流程。

先来看一段代码：

```
switch i {
case 0:
    fmt.Printf("红烧肉")
case 1:
    fmt.Printf("清蒸鱼")
case 2:
    fmt.Printf("熘大虾")
case 3:
    fmt.Printf("蒸螃蟹")
case 4:
    fmt.Printf("鲍鱼粥")
default:
    fmt.Printf("再等等")
}
```

输出如下。

当 i=0 时输出：红烧肉

当 i=1 时输出：清蒸鱼

当 i=2 时输出：熘大虾

当 i=3 时输出：蒸螃蟹

当 i=4 时输出：鲍鱼粥

当 i 为其他任意值时，输出：再等等

注意：
（1）左花括号{必须与 switch 关键字处于同一行。
（2）在 Go 语言中不需要用 break 来明确退出一个 case 子句。
（3）只有在 case 子句中明确添加 fallthrough 关键字时，才会继续执行紧跟的下一个 case 子句。

例如下面的代码：

```
prices := [...]int16{32, 68, 96, 153, 198, 77, 100}
switch 32 + 68 {
case prices[0], prices[1]:
    fmt.Println("0 or 1")
case prices[2], prices[3]:
    fmt.Println("2 or 3")
case prices[4], prices[5], prices[6]:
    fmt.Println("4 or 5 or 6")
}
```

说明：

先声明一个数组类型的变量 prices，变量的元素类型是 int16。在后面的 switch 语句中，夹在 switch 关键字和左括号之间的"32+68"是 switch 表达式。在这个 switch 语句中包含三个 case 子句，每个 case 子句又包含一个表达式和一条打印语句。

case 表达式一般由 case 关键字和一个表达式列表组成。例如，在 case prices[0], prices[1]中，case 是关键字，prices[0], prices[1]是 case 表达式列表。

当 switch 表达式的结果值和任意一个 case 表达式的结果值相等时，该 case 表达式所属的

case 子句就会被选中。一旦某个 case 子句被选中，则附带在 case 表达式后面的那些语句就会被执行。同时，其他所有 case 子句都会被忽略。如果被选中的 case 子句中包含了 fallthrough 语句，那么在它下面的那个 case 子句也会被执行。

在上述判断是否相等的操作中，switch 语句对 switch 表达式的结果类型，以及各个 case 表达式中子表达式的结果类型都是有要求的。在 Go 语言中，只有类型相同的值才可以判断是否相等。

如果 switch 表达式的结果值是无类型的常量，如 32+68 的结果就是无类型的常量 100，那么这个常量会被自动转换为它默认类型的值。例如，100 的默认类型是 int，因此，上述代码中 switch 表达式的结果类型是 int，而 case 表达式中子表达式的结果类型是 int16，它们的类型并不相同，所以这条 switch 语句无法通过编译。

再看一个类似的代码：

```
prices := [...]int16{32, 68, 96, 153, 198, 77, 100}
switch prices[1] {
case 32, 68:
    fmt.Println("0 or 1")
case 96, 153:
    fmt.Println("2 or 3")
case 198,77,100:
    fmt.Println("4 or 5 or 6")
}
```

与前文的代码相比，这里把 switch 表达式转换成了 prices[1]，并且对下面的 case 表达式也进行了替换。switch 表达式的结果类型是 int16，而 case 表达式中子表达式的结果是无类型的常量，因而编译是可以通过的。

如果 case 表达式中子表达式的结果是无类型的常量，那么它的类型会被自动转换为 switch 表达式的结果类型。因为上面代码中的几个整数的类型都可以转换为 int16，所以可以判断表达式是否相等。

下面对代码做如下改动：

```
prices := [...]int16{32, 68, 96, 153, 198, 77, 100}
switch prices[1] {
case 32, 68,96:
    fmt.Println("0 or 1 or 2")
case 96, 153:
```

```
        fmt.Println("2 or 3")
case 198, 77, 100:
        fmt.Println("4 or 5 or 6")
}
```

因为第 1 个 case 子句和第 2 个 case 子句中都有 96，所以无法通过编译。

再次修改代码：

```
prices = [...]int16{32, 68, 96, 153, 198, 77, 100}
switch prices[1] {
case prices[0], prices[1],prices[2]:
        fmt.Println("0 or 1 or 2")
case prices[2], prices[3]:
        fmt.Println("2 or 3")
case prices[4], prices[5], prices[6]:
        fmt.Println("4 or 5 or 6")
}
```

这里把常量替换成了 prices[1] 这种形式，即便第一个 case 子句和第二个 case 子句中都包含 prices[2]，但这条语句仍可以通过编译。

## 5.4 循环语句

首先看一段代码：

```
total :=0
for i :=0;i<10;i++{
    su+=i
}

total2 :=0
for {
    total2++
    if total2>100{
          break
    }
}
Total3:=0
for {
```

```
        total3++
        if total3>10{
              break Out
        }
}
Out::
…
```

在本例中，break 语句终止的是 Out 标签，它在循环的外层。

需要注意以下两点：

- 左花括号{必须与 for 关键字在同一行。
- 同样支持 continue 和 break 控制。

下面看一下 for range：

```
foods :=[]string{"红烧肉", "清蒸鱼", "熘大虾", "蒸螃蟹", "鲍鱼粥"}
for i :=range foods{
    fmt.Println(i)
}
```

输出如下：

```
0
1
2
3
4
```

先声明一个元素类型为 string 的切片 foods，该切片有 5 个元素值。接着用带有 range 子句的 for 语句迭代切片 foods 中的所有元素值。在这条 for 语句中，只有一个迭代变量 i。在 for 语句被执行时，range 关键字右面的 foods 会先被求值。这个 foods 就是 range 表达式。range 表达式可以是数组、切片、字符串、字典、或接收操作的通道等。对于不同类型的 range 表达式结果值，for 语句迭代变量的数量可以有所不同。

对于上面的切片来说，迭代变量的数量可以有两个，但现在只有一个，所以它只代表当次迭代对应元素值的索引值。因此，这里的迭代变量 i 的值会依次从 0 到 4。

修改上面的代码：

```
foods :=[]string{"红烧肉", "清蒸鱼", "熘大虾", "蒸螃蟹", "鲍鱼粥"}
for i,item :=range foods{
    result:=fmt.Sprintf("%d--%q",i,item)
```

```
        fmt.Println(result)
}
```

输出如下：

```
0--"红烧肉"
1--"清蒸鱼"
2--"溜大虾"
3--"蒸螃蟹"
4--"鲍鱼粥"
```

为什么输出的是"4--"鲍鱼粥""而不是"4—"蒜蓉粉丝扇贝""呢？因为在 for 语句被执行时，range 关键字右面的 foods 会先被求值。

（1）range 表达式只在 for 语句开始执行时被求值一次，之后的修改。

（2）被迭代的对象是 range 表达式结果值的副本，具体说明如表 5-1 所示。

表 5-1

| range 表达式 | 第一个值 | 第二个值 | 说　　明 |
| --- | --- | --- | --- |
| 数组 | 索引 | 索引值对应的值 | / |
| 切片 | 索引 | 索引值对应的值 | / |
| 字符串（string） | 索引 | rune | 对于 string，range 迭代的是 Unicode，而不是字节，所以返回的值是 rune |
| 字典 | 键 | 值 | / |
| 通道 | 元素 | / | / |

## 5.5　小结

本章介绍了如何编写结果要么为 true 要么为 false 的条件测试，并且学习了如何编写简单的 if-else 结构。在程序中，可以使用 if-else 结构测试特定的条件。if-else 结构与 for range 的结合使用，可以使程序越来越复杂，但代码依然易于阅读和理解。

最后介绍了 switch 语句的使用及注意事项。

# 第 6 章

## 字典

## 6.1 字典简介

前文介绍过，数组和切片都属于单一元素的容器，它们使用连续存储的方式存储元素，每个元素的类型都是相同的。字典（map）与它们不同，它存储的不是单一元素，而是键值对。在字典中，所有键的类型都是相同的，所有值的类型也都是相同的，但键和值的类型可以不同。键的类型必须是可以通过==（判等操作）来进行比较的数据类型。

在 Go 语言中，字典是用哈希表实现的。键和值互为映射。我们可以对键值对进行增加、删除、修改和查询等操作。

下面的代码就是在哈希表中查找与某一个键对应的值，所以需要先把键作为参数传递给哈希表，哈希表再用哈希函数把键转换为哈希值。哈希值通常是一个无符号的整数。在一个哈希表中通常有一定数量的桶（bucket），叫作哈希桶。这些哈希桶会均匀地存储其所属哈希表收纳的键值对。键值对总是在一起存储的，只要找到了键，就一定能找到与其对应的值。之后，哈希表把相应的值作为结果返回。

```go
var m map[string]int = map[string]int{"红烧肉": 88, "清蒸鱼": 98, "熘大虾": 128,
"蒸螃蟹": 198, "鲍鱼粥": 68}
price, ok := m["鲍鱼粥"]
if !ok {
    fmt.Println("没有对应的键值对")
} else {
    fmt.Println(price)
}
```

输出如下：

```
68
```

在 Go 语言中，每一个键都是由它的哈希值代表的。字典不会单独存储任何键，但会单独存储它们的哈希值。

在 Go 语言规范中规定，键的类型不能是函数、字典和切片。如果键的类型是接口类型，那么实际类型也不能是上面三种，否则在程序运行时会引发 panic。

```go
var errorMap = map[interface{}]int{
    "红烧肉": 88,
    []string{"清蒸鱼"}: 98, // 这里会引发panic
    "熘大虾": 128,
}
fmt.Println(errorMap)
```

输出如下：

```
panic: runtime error: hash of unhashable type []string
```

上面的代码声明了一个名为 errorMap 的字典，其键的类型为 interface{}，即接口类型，值的类型是 int。

因为在编译时躲过了 Go 语言编译器的检查，所以可以编译通过。其中，第二个键值对的键是[]string{"清蒸鱼"}，值是 98。从语法上看编译器是不会报错的，但在运行时系统会抛出一个 panic，并指明问题出现在第二个键值对的那一行。因此在编写代码时不要用接口类型作为字典的键的类型。

为什么要对键作判等操作呢？

Go 语言一旦定位到了某个哈希桶，就会在这个哈希桶中查找键。每个哈希桶都会把自己包含的所有键的哈希值存储起来。Go 语言会把要查找的键的哈希值和这些哈希值做对比，如果都不相等，则说明哈希桶中没有要查找的键。如果有相等的，则会用键自身再去对比一次，因为不同值的哈希值是有可能相同的。只有哈希值和键都相等时，才真正查找到了匹配的键值对。

在 Go 语言中，有基本类型、指针类型、数组类型、结构体类型和接口类型等。它们每个类型的单个值需要占用的字节数越小，则哈希的速度越快。一般来说，布尔类型、整数类型、浮点类型、指针类型都是比较快的。由于字符串类型占用的字节数是不定的，所以要看值的具体长度，长度越短，哈希的速度越快。对于那些高级类型，如数组、结构体等，哈希的速度取决于它们的基本元素的类型。笔者不建议使用高级类型作为键。

字典的零值是 nil，当一个字典的值是 nil 时，其特性如下。

- 对它进行添加键值对操作会引发如下错误：

```
panic: assignment to entry in nil map
```

- 对它进行其他操作，则不会引发错误。
- 可以利用这个特性，判断字典是否为非空。

## 6.2 创建字典

某餐馆菜单如图 6-1 所示，菜品名称和价格一一对应，这就是字典。

如何用 Go 语言表示出来呢？常见的方式有两种。

图 6-1

**第一种方式：字面量**

```
var m map[string]int = map[string]int{"红烧肉":88,"清蒸鱼":98,"熘大虾":128,"蒸螃蟹":198,"鲍鱼粥":68}
fmt.Println(m)
```

输出如下：

```
map[清蒸鱼:98 熘大虾:128 红烧肉:88 鲍鱼粥:68 蒸螃蟹:198]
```

**第二种方式：使用内置函数 make**

使用内置函数 make 初始化一个字典，在初始化完毕后，就可以向其中添加键值对了。

```
foodsMap := make(map[string]int)
foodsMap["红烧肉"] = 88
foodsMap["清蒸鱼"] = 98
foodsMap["熘大虾"] = 128
foodsMap["蒸螃蟹"] = 198
foodsMap["鲍鱼粥"] = 68
fmt.Println(foodsMap)
```

输出如下：

```
map[清蒸鱼:98 熘大虾:128 红烧肉:88 鲍鱼粥:68 蒸螃蟹:198]
```

我们需要熟练使用字典，因为字典能高效地模拟现实世界中的情形。

---

**动起手来**

动手实现一个手机通讯录的字典，手机号和人名要一一对应。

---

## 6.3 使用字典

在 Go 语言中，字典就是一系列键值对，我们可以通过键访问与之相关联的值。与键相关联的值可以是数字、字符串、切片，甚至是字典。事实上，任何 Go 语言对象都可以成为字典中的值。

在 Go 语言中，字典用放在花括号（{}）中的一系列键值对表示，如下面的代码所示：

```
var m map[string]int = map[string]int{"红烧肉":88,"清蒸鱼":98,"熘大虾":128,"蒸螃蟹":198,"鲍鱼粥":68}
```

键值对互相关联。在指定键时，Go 语言将返回与之相关联的值。键和值之间用冒号分开，而键值对之间用逗号分隔。在字典中，可以保存任意数量的键值对。最简单的字典是只有一个键值对的字典，例如：

```
var m map[string]int = map[string]int{"红烧肉":88}
```

这个字典只存储了一项。在这个字典中，字符串"红烧肉"是一个键，与之相关联的值为 88。

---

**动起手来**

1. 动手实现一个手机通讯录的字典。
2. 修改某个人的手机号码。

---

### 6.3.1 访问字典中的值

想要获取与键相关联的值，则需要依次指定字典名和放在方括号内的键：

```
var m map[string]int = map[string]int{"红烧肉":88,"清蒸鱼":98,"熘大虾":128,"蒸螃蟹":198,"鲍鱼粥":68}
fmt.Println(m["红烧肉"])
```

这段代码将返回字典 m 中与键"红烧肉"相关联的值：

```
88
```

我们可以在字典 m 中访问任意键，但是我们访问的键在字典中可能存在，也可能不存在。Go 语言会用一个结果值明确地告诉我们，代码如下：

```
i,ok := m["麻辣小龙虾"]
if !ok {
    fmt.Println("没有对应的键元素对")
} else{
    fmt.Println(i)
}
```

"ok"表示要查找的键在字典中是否存在。如果存在，则 ok 为 true；如果不存在，则 ok 为 false。

---

**动起手来**

1. 动手实现一个手机通讯录的字典。
2. 在屏幕上逐条打印手机通讯录的人名和手机号码。

## 6.3.2 添加键值对

字典是一种动态结构，可以随时在其中添加键值对，并且可依次指定字典名、用方括号括起来的键和相关联的值。在字典 m 中添加两个新菜品和价格，如下所示：

```
var m map[string]int = map[string]int{"红烧肉":88,"清蒸鱼":98, "熘大虾":128,
"蒸螃蟹":198, "鲍鱼粥":68}
fmt.Println(m)
```

输出如下：

```
[清蒸鱼:98 熘大虾:128 红烧肉:88 鲍鱼粥:68 蒸螃蟹:198]
m["麻婆豆腐"] = 48
m["水煮鱼"] = 99
fmt.Println(m)
```

输出如下：

```
map[水煮鱼:99 清蒸鱼:98 熘大虾:128 红烧肉:88 鲍鱼粥:68 蒸螃蟹:198 麻婆豆腐:48]
```

首先定义一个字典 m；然后打印字典，显示其信息；接着，给字典 m 新增两个键值对，分别是：

```
麻婆豆腐    48
水煮鱼      99
```

这个字典最终包含了 7 个键值对。

**注意**：键值对的排列顺序与添加顺序不同，Go 语言不关心键值对的添加顺序，它只关心键值对之间的关联关系。

另外，随着字典中键值对的增加，可能会导致已有键值对被重新散列到新的位置。

---

**动起手来**

1. 动手实现一个手机通讯录的字典。
2. 新增联系人"张三  13000000001"。

---

## 6.3.3 修改字典中的值

假设字典 m 中的内容如下：

```
var m map[string]int = map[string]int{"红烧肉":88,"清蒸鱼":98, "熘大虾":128,
```

"蒸螃蟹":198, "鲍鱼粥":68}

修改"蒸螃蟹"的价格：

```
m["蒸螃蟹"]=398
fmt.Println(m)
```

输出如下：

map[水煮鱼:99 清蒸鱼:98 熘大虾:128 红烧肉:88 鲍鱼粥:68 蒸螃蟹:398 麻婆豆腐:48]

首先，上述代码定义了一个菜单字典 m，其包含了 5 个键值对。然后，将字典中"蒸螃蟹"的价格改为 398。从输出的内容可以看出，字典中"蒸螃蟹"对应的值已经从 198 变成了 398。

---

**动起手来**

1. 动手实现一个手机通讯录字典。
2. 修改字典中某个人的人名。

### 6.3.4　删除键值对

对于字典中不再需要的信息，可以使用 delete 方法将相应的键值对彻底删除。在使用 delete 方法时，必须指定字典名称和要删除的键。

例如，从字典 m 中删除键为"红烧肉"的键值对：

```
var m map[string]int = map[string]int{"红烧肉":88,"清蒸鱼":98, "熘大虾":128,"蒸螃蟹":198, "鲍鱼粥":68}
delete(m,"红烧肉")
fmt.Println(m)
```

输出如下：

map[清蒸鱼:98 熘大虾:128 鲍鱼粥:68 蒸螃蟹:198]

即使要删除的键不在字典中，这个操作也是安全的。字典会使用给定的键来查找值，如果对应的值不存在，则返回该类型的零值。

---

**动起手来**

1. 动手实现一个手机通讯录字典。
2. 删除某个联系人。

## 6.4 遍历字典

在 Go 语言中，一个字典既可以只包含几个键值对，也可以包含数百万个键值对。也就是说，在一个字典中可能包含大量的数据，因此需要通过遍历的方式来读取字典中的数据。常用的遍历字典的方式有三种：

（1）遍历字典中所有的键值对。

（2）遍历字典中的键。

（3）遍历字典中的值。

在字典中，值的迭代顺序是不固定的，即迭代的顺序是随机的，从一个值开始到最后一个值结束：

```
var m map[string]int = map[string]int{"红烧肉": 88,"清蒸鱼": 98,"熘大虾": 128,
"蒸螃蟹": 198, "鲍鱼粥": 68}

for k,v :=range m{
    fmt.Printf("菜品：%s,价钱:%d\n",k,v)
}
```

输出如下：

```
菜品：蒸螃蟹,价钱:198
菜品：鲍鱼粥,价钱:68
菜品：红烧肉,价钱:88
菜品：清蒸鱼,价钱:98
菜品：熘大虾,价钱:128
```

### 6.4.1 在字典中嵌入切片

下面用一个字典存储图 6-2 所示的信息，即把切片存储在字典里，而不是把字典存储在切片里。

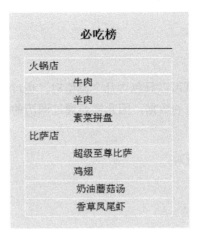

图 6-2

```
var m2 map[string][]string = map[string][]string{
  "火锅店":{"牛肉","羊肉","蔬菜拼盘"},
  "比萨店":{"超级至尊比萨","鸡翅","奶油蘑菇汤","香草凤尾虾"},
}

fmt.Println(m2)
```

输出如下：

```
map[比萨店:[超级至尊比萨 鸡翅 奶油蘑菇汤 香草凤尾虾] 火锅店:[牛肉 羊肉 蔬菜拼盘]]
```

首先创建一个字典 map[string][]string，string 是字典中的键，而[]string 是字典中的值，同时它也是 string 类型的切片。

下面使用 for range 循环打印键值对信息：

```
for k,v :=range m2{
  fmt.Println(k)
  fmt.Println(v)
  fmt.Println("=======")
}
```

输出如下：

```
火锅店
[牛肉 羊肉 蔬菜拼盘]
=======
比萨店
```

```
[超级至尊比萨 鸡翅 奶油蘑菇汤 香草凤尾虾]
========
```

**动起手来**

如果需要遍历每个切片,并且在屏幕上输出每个切片中的元素序号和元素名称,那么应如何编写完整的代码呢?

### 6.4.2 在字典中嵌入字典

本节介绍如何在字典中嵌套字典,这样做可能会使代码变得非常复杂:

```
var shops map[string]map[string]int = map[string]map[string]int {
    "火锅店":map[string]int{"牛肉":168,"羊肉":168,"蔬菜拼盘":98},
    "比萨店":map[string]int{"超级至尊比萨":138,"鸡翅":48,"奶油蘑菇汤":68,"香草凤尾虾":78},
}
fmt.Println(shops)
```

输出如下:

```
map[比萨店:map[奶油蘑菇汤:68 超级至尊比萨:138 香草凤尾虾:78 鸡翅:48] 火锅店:map[牛肉:168 羊肉:168 蔬菜拼盘:98]]
```

上述代码定义了字典 shops,其中包含两个键——"火锅店"和"比萨店",与每个键关联的值都是一个字典。

**动起手来**

输出"火锅店"和"比萨店"中的每一个键值对。

## 6.5 避免遍历中的错误

假设字典 m 中的内容如下:

```
var m map[string]int = map[string]int{"红烧肉": 88, "清蒸鱼": 98, "焖大虾": 128, "蒸螃蟹": 198, "鲍鱼粥": 68}

var prices []*int
for k, v := range m {
    fmt.Printf("k:[%p].v:[%p]\n", &k, &v) //①
```

```
        prices = append(prices, &v) //②
    }
    for _, price := range prices {
        fmt.Println(*price) //③
    }
```

说明：

①从代码中可以看到，k 使用的始终是同一块地址，v 也是。

②对 v 取地址。

③输出 price 中的值。

①处输出如下：

```
k:[0xc000010200].v:[0xc00001e0a0]
k:[0xc000010200].v:[0xc00001e0a0]
k:[0xc000010200].v:[0xc00001e0a0]
k:[0xc000010200].v:[0xc00001e0a0]
k:[0xc000010200].v:[0xc00001e0a0]
```

③处输出如下：

```
128
128
128
128
128
```

在遍历时，v 使用的始终是同一块地址，它是临时分配的。虽然地址没有变化，但是 v 的值一直在变化。当遍历完成后，v 的值是遍历的最后那个键的值。由于字典是无序的，所以并不确定哪个键是最后一个。程序会不断地将 v 的地址放入 prices 中，由于 v 一直是同一块地址，所以在打印 prices 中的值时，打印的都是同一个值。

想要获得正确的显示，只需获得字典中对应的值即可。修改代码：

```
for k, v := range m {
    fmt.Printf("k:[%p].v:[%p]\n", &k, &v)
    vv := m[k]
    prices = append(prices, &vv)
}
```

**动起手来**
1. 逐一打印前文编写的手机通讯录中的每个联系人的姓名和联系方式。
2. 创建一个字典，记录你和朋友在聚会时点餐的菜单，记录菜品名称和价格。
3. 打印你们点餐时点的每道菜品的名称和对应的价格。
4. 如果聚会当天是周一到周四中的一天，则消费总额打 8 折。
5. 如果聚会当天是周五到周日中的一天，则消费总额减去 10 元。

## 6.6 小结

本章我们学习了如何定义字典、如何使用字典存储信息、如何访问和修改字典中的值、如何遍历字典、如何在字典中嵌入切片，以及如何在字典中嵌入字典。

当把字典作为参数在函数间传递时并不会创建一个副本，因为这不是值传递，而是引用传递。

# 第 7 章
# 函数

## 7.1 定义函数

函数是带有名字的代码块，通过它可以更方便地完成重复性的工作。当我们在程序中多次执行同一项任务时，无须反复编写完成该任务的代码，只需调用执行该任务的函数，让 Go 语言运行其中的代码即可。在使用函数之后，无论编写代码、阅读代码、测试代码，还是修复 bug 都将变得更加容易。通过函数，我们能够把一个复杂的问题切分成若干小的问题，从而使问题更加容易解决。

在 Go 语言中，完整的函数形式如下：

func 函数名（参数列表）（返回列表）{函数体}

说明：

①func 是声明函数的关键字，后面是函数的名称。

②参数列表，一组参数和参数类型，简称形参列表，具体的值是由调用者提供的实际参数传递进来的。

③返回列表，表示函数返回值和类型。

当函数返回未命名的返回值或者没有返回值时，括号可以省略。当函数有返回值时，则必须显式地以 return 语句结束，代码如下。

在函数执行后，无返回结果：

```
func add(x,y int) {}
```

在函数执行后，返回一个 int 类型的结果：

```
func add(x,y int) int {
    return x+y
}
```

在函数执行后，返回 result，它是 int 类型的：

```
func add(x,y int) (result int){
    return result
}
```

上面的代码还可以写成：

```
func add(x, y int) (result int) {
    result = x + y
return
}
```

**多返回值**

在 Go 语言标准库中，有很多函数可以返回两个值，一个是期待得到的结果，另一个是错误值或表示函数调用是否正确的布尔值。

例如下面的代码，它的返回值有两个，第一个是预期得到的*File，第二个是错误值：

```
func OpenFile(name string, flag int, perm FileMode) (File, error){}
```

建议将 error 作为最后一个参数。如果一个方法返回了 error，且 error 不为 nil，就直接返回错误或返回预先定义好的错误码。

④{}是函数体，在这里可以编写业务处理逻辑的具体代码。

在定义函数时，②和③两部分可以省略。

下面是一个打印的简单函数，名为 Fav：

```
//方法注释                                    //②
func Fav(){                                   //①
    fmt.Println("我喜欢吃生蚝")                //③
}
func main() {
    Fav()                                     //④
}
```

这个示例演示了最简单的函数结构，说明如下：

①使用关键字 func 声明了一个函数，函数名为 Fav，既没有参数列表，也没有返回值。因为它只是简单地输出打印语句，不需要任何信息就能完成工作，所以括号内是空的（即便如此，括号也必须存在）。最后，定义以"{"结尾。紧跟在"func Fav(){"后面的所有缩进代码构成了函数体。这里的缩进不是强求的，只是为了便于阅读。

②注释，一般用来描述函数是做什么的。

③代码行 fmt.Println("我喜欢吃生蚝")是函数体内唯一一行代码，Fav 函数只做一项工作：打印"我喜欢吃生蚝"。

④Fav 这个函数不需要任何信息，调用它时只需输入"Fav()"即可。与预期的一样，它会打印"我喜欢吃生蚝"。

这是一个最简单、最基础的函数调用，通常情况下，在定义函数时都会指定函数的参数列表和返回值。想要调用函数，可依次指定函数名，以及用括号括起来的必要信息。

在 Go 语言中，函数名称的大小写表明了该函数的可见性，这点非常重要。如果上面的函数 Fav 的首字母是小写的，即为 fav，那么在其他包中，即便导入了该函数对应的包，Go 编译器依然会报错，提示找不到 fav 函数。这是因为小写开头的函数只在本包内可见，只有大写字母开头的函数才可以被其他包使用。

函数类型是函数签名。当两个函数有相同的参数列表和返回列表时，这两个函数的类型或签名是相同的。需要注意的是，即使形式参数和返回值的名称不同，也不会影响函数类型。

**动起手来**

自定义一个学习 Go 语言的函数，思考以下问题：
1. 函数名称是什么？
2. 需要准备些什么（可以理解成传入的参数）？
3. 要有什么样的结果（就是你的学习成果）？

## 7.1.1 向函数传递信息

前文的代码只能使用一次，不够灵活，下面进行修改：

```
func Fav(userName string){
   fmt.Println(userName+" 喜欢吃生蚝")
}
```

这样就可以让 Fav 函数使用传入的参数了。通过在这里添加参数列表，可以让函数在被调用时接收实参 userName 的值。下面调用 Fav 函数，需要注意的是，必须给 userName 提供一个值。

```
func main() {
   Fav("小明")
}
```

代码 Fav("小明")调用了 Fav 函数，并向它提供了函数需要的参数。这个函数可接收类型为 string 的实际参数，并打印输出。

运行结果：

```
小明 喜欢吃生蚝
```

同样，代码 Fav("小李")可调用 Fav 函数并向它传递实际参数"小李"，最终打印"小李 喜欢吃生蚝"。我们可以根据需要多次调用 Fav 函数，并传入需要的实际参数。

如果函数声明有形式参数列表，那么函数的调用方传入的实际参数要对应每一个形式参数，并且调用的顺序必须一致。

## 7.1.2 实际参数和形式参数

前文在定义函数 Fav 时，要求给形式参数 userName 指定一个类型。只有调用了 Fav 函数并提供形式参数时，它才会打印相应的信息。

在函数 Fav 的定义中，userName 是一个形式参数，是函数完成其工作所需的一项信息。在代码 Fav("小明")中，"小明"是一个实际参数。实际参数是指在调用函数时传递给函数的实际信息。在调用函数时，需要把要让函数使用的信息放在括号内。

**在代码 Fav("小明")中**，将实际参数"小明"传递给了函数 Fav，这个值被存储在形式参数 userName 中。

**注意**：形式参数和实际参数的区别是，在定义函数时是形式参数（形参），在调用函数时是实际参数（实参）。

形参是函数的局部变量，初始值是由调用者提供的实际参数传递进来的。函数的形参和命名返回值都是函数最外层的作用域变量。实参是按值传递的，所以函数接收到的是实参的副本。修改函数的形参不会改变调用者提供的实参，但是，如果提供的实参是引用类型，如切片、字典、函数、指针、通道等，那么当函数使用形参时就可以改变实参的值。

### 7.1.3 位置实参

在调用函数时，Go 语言必须将函数调用的每个参数都关联到函数定义的一个形参上，而最简单的关联方式就是基于实参的顺序进行关联，这种关联方式被称为位置实参。

代码如下：

```
func Desc(foodType string,foodName string){   //①
    fmt.Println("这是" +foodType+"的"+foodName)
}
Desc("鲁菜","葱烧海参")      //②
```

说明：

①这个函数的定义表明，它需要 2 个 string 类型的形参，一个是 foodType，另一个是 foodName。在调用 Desc 函数时，需要按顺序提供相应的参数。

②在上面的函数调用中，将实参"鲁菜"关联到形参 foodType 上，将实参"葱烧海参"关联到形参 foodName 上。

最终输出如下：

这是鲁菜的葱烧海参

我们可以根据需要多次调用函数，下面再调用一次函数：

```
Desc("川菜","麻婆豆腐")
```

在第二次调用 Desc 函数时，我们向它传递了实参"川菜"和"麻婆豆腐"。与第一次调用一样，Go 语言将实参"川菜"关联到形参 foodType 上，将"麻婆豆腐"关联到形参 foodName 上。

输出如下：

```
这是鲁菜的葱烧海参
这是川菜的麻婆豆腐
```

上面这两行输出证明了调用函数是一种效率极高的工作方式。我们只需在函数中编写业务逻辑代码，设计好参数列表，当需要调用这个函数时，向它提供实参信息即可，并且函数是可以重复使用的。在函数中，可以根据需要使用参数，Go 语言将按照顺序将实参关联到相应的形参上。

### 7.1.4　传递数组

数组是按值传递的，当调用一个函数时，每个传入的参数都会先创建一个副本，再赋值给对应的函数变量，所以函数接收的是一个副本，而不是原始参数。这种传递参数的方式，在传递大数组时变得极为低效，而且在函数内部对数组的任何修改都只是在副本上进行的，并不影响原数组。例如下面的代码：

```
func ShowFoods(foods [3]string) {
    //修改第一个元素
    foods[0] = "蛋炒饭"
    fmt.Println(foods)
}

func main() {
    //定义并初始化一个数组
    todayFoods := [3]string{"卤肉饭", "西红柿鸡蛋饭", "肥牛饭"}
    //传递给函数，并在函数体内修改数组内容
    ShowFoods(todayFoods)
    fmt.Println(todayFoods)
}
```

输出如下：

```
[蛋炒饭 西红柿鸡蛋饭 肥牛饭]
[卤肉饭 西红柿鸡蛋饭 肥牛饭]
```

我们可以使用数组指针来修改，代码如下：

```go
func ShowFoods2(foods *[3]string) {
    foods[0] = "蛋炒饭"
    fmt.Println(foods)
}

func main() {
    todayFoods2 := &[3]string{"卤肉饭", "西红柿鸡蛋饭", "肥牛饭"}
    ShowFoods2(todayFoods2)
    fmt.Println(todayFoods2)
}
```

输出如下:

```
&[蛋炒饭 西红柿鸡蛋饭 肥牛饭]
&[蛋炒饭 西红柿鸡蛋饭 肥牛饭]
```

可以看到,原数组中的值已经被修改了。使用数组指针是高效的,它允许被调用函数修改调用方数组中的元素。由于数组长度是固定的,因此数组本身并不可变,即不能添加或删除元素,在使用时要注意这一点。

### 7.1.5 传递切片

向函数传递切片十分有用,因为切片可以包括名字、数字或者更复杂的对象(如字典)等。下面看一段代码:

```go
func ShowFoods3(foods []string) {
    foods[0] = "蛋炒饭"
    fmt.Println(foods)
}

func main() {
    todayFoods3 := []string{"卤肉饭", "西红柿鸡蛋饭", "肥牛饭"}
    ShowFoods3(todayFoods3)
    fmt.Println(todayFoods3)
}
```

下面解释传入切片为什么可以更改原始值的原因。

形参是函数的局部变量,初始值由调用方提供的实参传递。函数形参和返回值都属于函数最外层作用域的局部变量。

实参是按值传递的,函数接收的是每个实参的副本,所以修改函数的形参并不会影响调用方提供的实参。但是，如果调用方提供的实参包含引用类型，比如指针、切片、map、函数或通道等，那么当函数使用形参时就有可能间接地修改实参。

### 7.1.6 避免实参错误

在开始使用函数后，会经常遇到实参不匹配这种错误，这是很正常的。当提供的实参类型不匹配或数量不匹配时，就会出现实参不匹配的错误：

```
func Desc(foodType string,foodName string){
    fmt.Println("这是"+foodType)
    fmt.Println("这是" +foodType+"的"+foodName)
}
Desc()
```

Go 语言发现该函数调用缺少必要的信息，会提示如下错误：

```
Not enough arguments in call to 'Desc'
```

其含义是，在调用 Desc 函数时没有足够的参数。Go 语言在读取函数代码时，会明确指出我们需要为哪些形参提供实参，这极大地提高了开发效率。

## 7.2 返回值

函数并非总是直接显示输出的，相反，我们经常使用函数处理一些数据，并返回一个或多个值。函数返回的值被称为返回值。在函数中，可使用 return 语句将值返回到调用函数的代码行。通过返回值我们可以把程序中的大部分繁重工作转移到函数中，从而优化程序结构。

### 7.2.1 返回简单值

以 Desc 函数为例：

```
func Desc(foodType string,foodName string) string{      //①
    return "这是" +foodType+"的"+foodName                //②
}
func main() {
    result := Desc("粤菜","盐焗鸡")                       //③
    fmt.Println(result)
}
```

说明：

①定义 Desc 函数通过形参接收 2 个 string 类型的参数，分别是 foodType 和 foodName。

②将结果返回到函数执行行。

③在调用有返回值的函数时，需要提供一个变量来接收并存储返回值。这里将返回值存储在了变量 result 中。输出如下：

```
这是粤菜的盐焗鸡
```

### 7.2.2 返回字典

函数可以返回任何类型的值，包括切片和字典等复杂的数据结构。例如：

```
func Menu(name string,price int) map[string]int{
    m:=make(map[string]int)
    m[name]=price                  //①
     return m                      //②
}

m:=Menu("红烧肉",88)
fmt.Println(m)                     //③
```

说明：

①Menu 函数接收 1 个 string 类型的参数 name 和 1 个 int 类型的参数 price，并将这些值封装在字典中。

②返回表示 m 的这个字典。

③调用 Menu 函数，传入实参"红烧肉"与 name 对应，"88"与 price 对应。新建一个字典（map）并且返回，之后使用一个变量 m 接收，最后输出如下：

```
map[红烧肉:88]
```

这个函数可接收简单的文本信息，并把文本信息放在一个更合适的数据结构中。这使得我们不仅可以打印这些信息，还可以以其他方式处理它们。

## 7.3 返回多个值

Go 语言可以让一个函数返回不止一个结果。大多数函数的返回值是两个，一个是要返回的值,另一个是错误值,或者是表示是否正确的布尔值。

我们在学习"字典"时就用到了多个返回值。

```
var m map[string]int = map[string]int{"红烧肉":88,"清蒸鱼":98, "熘大虾":128,
"蒸螃蟹":198, "蒜蓉粉丝扇贝":68}
```

首先给一个键,然后在字典中查询是否包含这个键,最终返回两个值。在下面这个例子中,第二个值就是判断是否存在要查找的键的,它是一个布尔值。如果存在,则打印返回值,否则打印"没有对应的键值对"。

```
v, ok := m["麻辣小龙虾"]
if !ok {
    fmt.Println("没有对应的键值对")
} else {
    fmt.Println(v)
}
```

Go语言提供的获取网页的函数也有两个返回值,在请求对方网页后,会返回对应的HTML信息(res)和错误信息(err)。

```
res, err := http.Get("http://www.×××du.com")
```

如果返回成功,则返回值中的res为对方网页的HTML源代码,err为nil,否则err为具体的错误信息。

定义函数如下:

```
func Get(url string) (resp *Response, err error) {
    return DefaultClient.Get(url)
}
```

在日常开发中,我们可以给返回值命名,与函数的输入参数一样。在返回值被命名以后,它们的值在函数开始时被初始化为空(该类型的零值)。在函数执行过程中,如果返回的语句不带任何参数,那么会返回对应的返回值变量。

**注意**:在Go语言中不要求强制命名返回值。

如果调用了一个有多个返回值的函数或方法,但是不需要某个返回值,那么可以简单地使用下画线 "_" 来忽略这个返回值,如下面形式:

```
res, _ := http.Get("http://www.×××du.com")
```

这里就忽略了err,不过,在日常开发中建议不要忽略err这个返回值,因为它可以帮助我们排查问题。只有当确定某个返回值无用时，才可以忽略它。

## 函数的全过程

一个函数从声明到执行结束的全过程如下：

```
func Greet(name string) string{
    fmt.Println("Hello,"+name)
    return "你也好"
}
```

func 表示要声明一个函数，函数名称为 Greet，括号中的 name 和 string 为函数的参数列表。括号中既可以有多个参数，也可以无内容。最后的 string 是返回值。

下面用{}包起来的部分叫作函数执行体：

```
{
    fmt.Println("Hello,"+name)
    return "你也好"
}
```

至此就把函数声明和函数执行体都写好了，下面调用这个函数：

```
result:=Greet("小明")
fmt.Println(result)
```

想要使用这个函数，则在调用时必须有函数名。而参数列表是可有可无的，由此知道函数有以下几种形式。

第一种：只有函数名，无参数列表，无返回值。

```
func 函数名字(){
    ...
}
```

第二种：有函数名，无参数列表，有返回值。

```
func 函数名字() 返回值{
    ...
}
```

第三种：有函数名，有参数列表，无返回值。

```
func 函数名字(参数列表){
    ...
```

}
```

第四种：有函数名，有参数列表，有返回值。

```
func 函数名字(参数列表) 返回值 {
    ...
}
```

这里的返回值可能是一个，也可能是多个。

这些都是在日常开发中常用的函数使用方式，建议读者熟练掌握。

## 7.4 函数变量

与其他值一样，函数变量也有类型，既可以把函数变量赋给变量，也可以传递函数变量，或者从其他函数返回函数变量。我们可以像使用普通变量一样使用函数变量，还可以把函数变量当作参数进行传递。

函数变量类型的零值是 nil，如果调用了值为 nil 的函数，则会导致宕机。我们通常使用 nil 和函数变量做判空比较。

在 Go 语言中，函数就是解决复杂问题的一系列步骤的合集，它相当于打游戏的高手、制作美食的高手等。每一种能力都可以用函数表示出来。看下面的示例：

```
type Hi func(num string) string            //①

func Hello(num string)  string {           //②
    return num+"位客人，欢迎光临"
}

func Hello4DongBei(num string) string {    //③
    return num+"位兄弟，欢迎光临"
}

func main() {

var hello Hi
hello =Hello    //④
words:= hello("3")    //⑤
fmt.Printf("%s\n",words)
```
```

```
hello =Hello4DongBei        //⑥
words= hello("5")                    //⑦
fmt.Printf("%s\n",words)

}
```

说明：

①定义一个函数类型，即 func(num string) string。在 Go 语言中使用 type 来定义类型。

格式：type 名称 类型

需要注意的是，func(num string) string 是一个函数类型的声明，后面并没有跟着 {}。

②和③各定义了一个函数，它们的参数列表和返回值相同。

参数列表 string 的返回值也是 string 类型。

④把 Hello 函数赋值给变量 hello。

⑤运行 Hello 函数。

⑥把 Hello4DongBei 函数赋值给变量 hello。

⑦运行 Hello 函数。

注意上面的写法，在类型声明的名称右边是 func 关键字，说明这是一个函数类型的声明。func 关键字的右边是这个函数的参数列表和返回值列表。参数列表在括号中。如果返回值中只有一个结果声明，并且没有为它命名，则可以省略返回值外围的括号。

从上面的代码中可以看出，函数的签名和函数声明的区别是，参数列表的左边不是函数名称，而是 func 关键字。

你可能会有疑问，这么做太麻烦了，直接运行 Hello("3")和上面代码的运行结果是一样的，为什么要编写如此麻烦的程序呢？这个问题很好，在学完下一节的例子后，就会明白为什么要这么做了。

### 函数变量演进版

对前文的代码进行修改，具体如下：

```
type Hi func(num string) string
```

```
func Hello(num string)   string {
    return num+"位客人,欢迎光临"
}

func Hello4DongBei(num string) string  {
    return num+"位兄弟,欢迎光临"
}
func SayHello(num string,hi Hi){      //①
    result := hi(num)
    fmt.Println(result)
}
```

在 SayHello 函数体中,执行 hi(num):

```
func main() {
   target:="东北食客"

   if target=="东北食客" {                    //②
      SayHello("3",Hello4DongBei)
   } else {
      SayHello("6",Hello)
   }
}
```

说明:

①这里定义了 SayHello 函数。

第一个参数接收一个 string 类型的 num,代表食客的人数。这里的 string 类型也可以改为 int,出于演示方便,暂时用 string。

第二个参数 hi Hi 实际就接收了一个函数,类型是 func(num string) string,但函数要求参数为 string 类型,返回值也为 string 类型。这里函数变量把函数当作参数进行传递,这在 Go 语言中很常见,也是一种重要的编程方法。

②如果是"东北食客",则调用 Hello4DongBei 函数和客人打招呼,否则使用 Hello 函数和客人打招呼。

这里的 SayHello 函数代码非常简洁,并且职责单一,只需执行 hi(num)即可。

不仅更容易让他人读懂程序,当出现问题时也有利于排查。这种编程方法可以解耦复杂问题,让调用方最终决定使用什么函数,而在函数声明时只需定义函数类型就可以了。

## 7.5 匿名函数

匿名就是没有名字。在 Go 语言中，匿名函数由一个不带函数名的函数声明和函数体组成。匿名函数与函数一样，可以像普通变量那样被传递或使用。匿名函数同样可以获取和更新外层函数的局部变量。

看下面的例子：

```go
type Hi func(num string) string

func SayHello(num string,hi Hi){
    result:=hi(num)
    fmt.Println(result)
}

func main() {
    target:="东北食客"

    if target=="东北食客"{
        SayHello("3",func(num string) string  {   //①
                return num+"位兄弟，欢迎光临"
        })
    } else {
      SayHello("3",func(num string)  string {   //②
            return num+"位客人，欢迎光临"
        })
    }
}
```

说明：

①和②都是匿名函数，与前面的例子相比，没有了名字 Hello4 和 Hello4DongBei。

匿名函数在 Go 语言中较为常见，这种方式定义的函数能够获取整个语法环境，里层的函数可以使用外层函数中的变量。

SayHello 函数中调用了一个匿名函数，类型是 func(num string) string，调用 SayHello 函数会创建一个局部变量 result，它会调用传入进来的匿名函数，并且在执行匿名函数后，把结果赋值给 result。

**动起手来**
把上面的匿名函数赋值给一个变量，让程序可以继续运行，得到一样的输出结果。

## 7.6 闭包

闭包是包含自由变量的代码块，变量不在这个代码块或者全局上下文中定义，而是在定义代码块的环境中定义。要执行的代码块（因为自由变量包含在代码块中，所以这些自由变量及它们引用的对象没有被释放）为自由变量提供绑定的计算环境。

在聚餐结束后需要核对一下总的花费，一个人读菜品和金额，另一个人计算。下面用 Go 语言实现：

```
type Discount func() float64
type CheckSum func(name string, price float64) float64

func PayOrder(discount Discount) CheckSum {    //①
   var total float64 //②
   return func(name string, price float64) float64 { //③
      fmt.Println("菜品名称:" + name + "单价:" + strconv.FormatFloat(price,'f',
           -1, 64))
      total = total + price
      if discount==nil{  //④
         return total    //⑤
      }
      return total * discount() //⑥
   }
}

func main() {
   f:=PayOrder(
      func() float64 {
         return 0.8
         }
      )

   result:=f("红烧肉", 88)
   fmt.Println(result)
   result=f("清蒸鱼",98)
```

```
    fmt.Println(result)
    result=f("熘大虾", 128)
    fmt.Println(result)
    result=f("蒸螃蟹", 198)
    fmt.Println(result)
    result=f("蒜蓉粉丝扇贝",68)
    fmt.Println(result)
}
```

说明：

①定义一个名为 PayOrder 的函数，它有一个参数是 Discount 类型，返回值是一个匿名函数 func(name string, price float64) float64。这个匿名函数的参数列表为 string 类型和 float64 类型，返回值为 float64 类型。

②在 PayOrder 函数内部定义一个总价，默认值是 0。

③定义匿名函数的返回值。

④判断自由变量 discount 是否为 nil。

⑤若 discount 为空，则直接返回总价。

⑥若 discount 非空，则再次计算并返回总价。

输出如下：

```
菜品名称:红烧肉单价:88
70.4
菜品名称:清蒸鱼单价:98
148.8
菜品名称:熘大虾单价:128
251.2
菜品名称:蒸螃蟹单价:198
409.6
菜品名称:鲍鱼粥单价:68
464
```

可以看到，PayOrder 函数返回了一个匿名函数。该匿名函数内部使用的 discount 变量既不代表任何参数，也不是匿名函数自己声明的，而是 PayOrder 函数的参数，所以 discount 变量是一个自由变量。

在定义 PayOrder 函数时，我们并不知道 discount 变量是什么，以及它内部执行什么逻辑，只有在调用 PayOrder 函数时，由调用方提供后，才能确定。当代码执行到"if discount==nil{"这一行时，Go 语言会查找 discount 变量代表的内容，发现 discount 变量代表的是 PayOrder 函数的参数。这时，discount 变量就从一个自由变量变成了确定的参数。

## 7.7 变长函数

变长函数是指函数的参数个数是不确定的。在参数列表的类型名称之前使用省略号"…type"可声明一个变长函数。在调用这个函数时，可以传递该类型任意数目的参数。其实"…type"是一个语法糖，可以把它看作 type 类型的数组切片，即[]type。

看下面的例子：

```
func Total(prices ...int) int{
    result:=0
    for _,val:=range prices {
        result+=val
    }
    return result
}

func main() {
    fmt.Println(Total(88,98,128,198,68))
    Total3(11, 22)
    Total2([]int{11})
}
```

尽管"…int"参数很像切片，但是变长函数的类型和一个带有普遍切片参数的类型是不同的：

```
func Total3(prices ...int) int{
    fmt.Printf("%T\n",Total)
    return 0
}
func Total2(prices []int) int{
    fmt.Printf("%T\n",Total2)
    return 0
}
```

调用后，输出如下：

```
580
func(...int) int
func([]int) int
```

下面是 Go 语言内置的 Printf 函数的定义：

print.go

```
package fmt

func Printf(format string, a ...interface{}) (n int, err error) {
    return Fprintf(os.Stdout, format, a...)
}
```

用 interface{}可以传递任意类型的数据，并且 interface{}是类型安全的，因而在使用 Printf 函数时，可以传入任意类型、个数不等的参数。

## 7.8 延迟函数调用

延迟函数调用的示例代码如下：

```
func lookup(key string) int{
 mu.Lock()
 defer mu.Unlock()      ①
 return m[key]
}

func main() {
m=make(map[string]int)
 m["abc"]=123
 m["m"]=3
 m["g"]=80
 lookup("g")
}
```

说明：

①一个 defer 语句加一个函数可以理解为是一个普通函数调用，无论后面的程序是正常执行结束，还是异常退出，defer 都会执行它后面跟着的那个方法，例如上面代码中的 mu.Unlock()。

在一个函数中可以有多个 defer 语句，需要注意的是，defer 语句的执行顺序是按照定义逆叙的，也就是说，最后一个 defer 语句最先被执行。

## 7.9 panic

我们在日常编写代码时是不会遇到 panic（宕机）的，只有在程序运行时才会遇到。

下面看一下代码：

```
foods :=[]string{"红烧肉", "清蒸鱼", "熘大虾", "蒸螃蟹", "鲍鱼粥"}
fmt.Printf("%s",foods[5])

panic: runtime error: index out of range [5] with length 5

goroutine 1 [running]:
main.main()
        /Users/abc/code/main.go:10 +0x18d
Exiting.
```

说明：

在这段代码中定义了一个切片，长度是 5，如果通过索引 5 访问元素，显然是不对的，Go 语言会抛出一个 index out of range [5] with length 5 的 panic，其含义是索引越界。

- runtime error：runtime 代码包抛出的 panic。
- goroutine 1：引发 panic 的代码信息。这里的 1 是 Go 语言运行时系统分配的一个 goroutine 的编号。
- main.main()：goroutine 包装的 Go 函数源代码文件中的 main 函数，在本例中是主 goroutine。
- /Users/abc/code/main.go:10：具体是哪个文件中的第几行引发了 panic，它可以帮助我们快速定位问题，以及排查和解决问题。

当程序引发 panic 时，panic 的相关信息会被创建出来，并且该程序的控制权会立即从此行代码转交到调用其所属函数的那行代码上，即调用栈的上一级。方法的执行过程其实就是一个出栈的过程，在此行代码终止后，它会转移至上一级的调用代码处。如此反复，最终到达栈顶，也就是函数，对于主 goroutine 来说就是 main 函数。控制权被 Go 语言运行时系统回收。最终，程序崩溃并终止运行。

当程序发生意外，甚至宕机时，会输出一条日志。这条日志包括宕机时的错误信息和函数调用的栈的调用信息。我们可以借助这些信息诊断问题的原因。

当在函数执行过程中调用了 panic 时，正常函数调用顺序会被立即终止，函数中的 defer 语句会正常执行，之后该函数将返回到调用函数，并逐层向上执行 panic，直到所属 goroutine 中所有正在执行的函数都被终止为止。

panic 的用法非常简单：

```
panic("这里是宕机信息")
```

## 7.10 recover

recover（恢复）可处理程序运行时错误，终止错误处理流程。recover 通常在一个使用 defer 语句的函数中执行。如果没有在发生异常的 goroutine 中明确调用 recover，可以会导致该 goroutine 所属的进程打印异常信息后直接退出。

如果在 defer 语句中调用了 recover，并且定义该 defer 语句的函数发生了 panic，那么 recover 会使程序从 panic 中恢复，并返回 panic 信息。导致 panic 异常的函数不会继续运行，但能正常返回。若在未发生 panic 时调用 recover，则 recover 会返回 nil。如果发生 panic，但没有 recover，那么就会终止运行。

recover 可以恢复 panic，代码如下：

```go
func start() {
    fmt.Println("程序开始执行...")
}

func testFood() {
    foods :=[]string{"红烧肉", "清蒸鱼", "熘大虾", "蒸螃蟹", "鲍鱼粥"}
    defer func() {
        if err:=recover();err!=nil{
            fmt.Println(err)
        }
        fmt.Println("defer finished")
    }()
    fmt.Println(foods[5])
}

func end() {
    fmt.Println("程序执行结束...")
}
```

```
func main() {
    start()
    testFood()
    end()
}
```

执行结果如下：

```
程序开始执行...
runtime error: index out of range [5] with length 5
defer finished
程序执行结束...
```

可以看到在 panic 后，defer 语句被执行了，后面的程序也是按序执行的。

## 7.11  小结

本章学习了大量函数相关的知识。

（1）函数有普通函数和匿名函数两种。Go 语言在编译时，并不关心函数定义在什么位置。笔者建议把 init 函数放在最前面，方便阅读，把 main 函数放在 init 函数的后面，其他函数则可以根据业务逻辑模块放在不同的位置。

（2）函数由参数、参数类型和返回列表组成。

（3）在函数调用时，如果有参数传递，则先复制参数副本，再将副本传递给函数。

如果是引用类型（切片、字典、接口、通道），则传递引用。

（4）函数的作用域是词法作用域（静态作用域），函数的定义位置决定了它所能看见的变量。

（5）在同一个包名下，不允许函数同名。

（6）函数不能嵌套函数，但可以先匿名函数，再嵌套。

（7）函数在 Go 语言中是一等公民，其特性如下：

- 函数是一个值，如果将函数赋值给一个变量，那么这个变量也变成了函数。
- 函数可以作为参数传递给另一个函数。
- 函数可以是另一个函数的返回值。

闭包和高阶函数都依赖这些特性。

# 第 8 章
# 结构体与方法

## 8.1 结构体概述

面向对象编程是目前最流行的软件编写方法之一。在面向对象编程中，我们可以编写表示现实世界中事物和场景的结构体，并基于这些结构体来创建对象。也就是说，使用面向对象编程可模拟现实场景。

在编写结构体时，我们会定义一大类对象都有的通用行为。当基于结构体创建对象时，每个对象都自动具有这种通用行为。除此之外，我们还可以根据需要赋予每个对象独特的个性。根据结构体来创建对象被称为实例化。在本章中，我们将编写一些结构体并创建其实例，并指定在实例中存储哪些信息、执行哪些操作。

下面编写一个表示厨师的结构体 Chef，它表示的不是特定的哪一个厨师，而是泛指厨师这一类。每个厨师都有名字、年龄、获得的荣誉,以及是否有徒弟。

结构体的格式如下:

```
type 结构体名称 struct {
字段名称   类型
}
```

如果有相同类型的连续成员变量也可以写在一行上:

```
type Chef struct {
    Name string            //名称①
    Age int                //年龄②
    Honor                  //荣誉③
    Trainee *Chef          //徒弟,这里为了演示,可以认为徒弟有多个,用切片表示④
}

type Honor struct {
    Title string           //获奖名称⑤

    GetTime time.Time      //获奖时间⑥
}
```

如果结构体中的成员变量首字母是大写的,则说明这个变量是可以导出的,结构体可以同时包含可导出的和不可导出的成员变量。需要注意的是,Go 语言中的可见性是包级别的,而不是类型级别的。

结构体不能定义它自己的成员变量。例如,Chef 结构体内不可以有 Chef 的成员变量,但是可以定义一个 Chef 指针类型的变量。如果一个结构体中没有成员,则为空结构体。空结构体既没有长度,也没有任何信息,但是由于占用内存较少,所以在日常开发的某些特定的场景中会用到。

在 Go 语言中没有继承的概念。继承提供了扩展性,但是牺牲了间接性,这种方式是通过侵入式实现的(比如 Java 语言中的继承)。Go 语言鼓励使用组合的方式,这是非侵入式的,不会破坏类型封装或让类型之间耦合更紧密。

我们可以把每个结构体都制作好之后,嵌入结构体中,这样就可以使用它的成员变量和方法了。组合的方式十分灵活,像积木一样可以随意组合。

接口类型也可以组合,这样可以扩展接口定义的行为。

## 8.2 结构体的使用

下面通过字面量创建一个结构体变量:

第一种:

```
wang :=Chef{"王师傅",25,Honor{},nil}
fmt.Printf("%s",wang.Name)    //①
fmt.Println((&wang).Name)     //②
```

说明:

①结构体变量的成员变量通过点号(.)可以访问到。

②结构体变量通过成员变量的地址,再通过指针也可以访问到。

这种创建方式要求要按照定义结构体的正确顺序为每个成员变量指定一个值。笔者不建议使用这种方式,因为在日常开发过程中,一个结构体可能有多个成员,这会降低开发效率。当其他人阅读代码时,同样要对照结构体定义去查看每个值对应的成员,非常不方便。

第二种:

```
li := Chef{
    Name: "李师傅",
    Age:  25,
    Honor:Honor{},
    Trainee: nil,
}
```

这种方式是通过指定成员变量的名称和值来初始化结构体的。如果没有指定成员变量的值,则在初始化时会使用该成员变量类型的零值,因为使用了成员变量的名称,所以顺序不再重要。上述两种初始化方式不可以混合使用。

我们也可以像下面这样通过指针的方式创建一个结构体变量:

```
li := &Chef{
    Name: "李师傅",
    Age:  25,
    Honor:Honor{},
    Trainee: nil,
}
```

等价于：

```
li2 :=new(Chef)
*li2 = Chef{
    Name: "李师傅",
    Age: 25,
    Honor:Honor{},
    Trainee: nil,
}
```

## 8.3 匿名成员与结构体嵌套

在 8.2 节的代码中，在 Chef 结构体内嵌套了一个 Honor 结构体，Go 语言可以定义不带名称的结构体成员，只要指定类型就可以，这种结构体成员叫作匿名成员。这个结构体成员的类型必须是一个命名类型或者命名类型的指针。

用法如下：

```
li.Title="中华金厨奖"
```

可以看到，中间没有 Honor。因为有了这种嵌套结构，所以可以直接访问变量，而不是逐级指定中间变量。

**注意**：不能在一个结构体内定义两个一样的匿名成员，否则会引起冲突，因为匿名成员有隐式的名字。

如果一个结构体的所有成员都可以比较，那么该结构体就可以比较。

**匿名结构体**

在 Go 语言中，当只需调用一次结构体时，即可使用匿名结构体。匿名结构体是指无须通过 type 关键字定义，就可以直接使用的结构体。常见用法是在创建匿名结构体时，直接创建对象。

```
chef := struct {
    Name string
    Age int
    }{
    Name: "老王" ①
    Age: 30
```

}
```

说明：

①表示字段初始化。

结构体嵌套还可以嵌套指针类型，代码如下：

```
type Chef struct {
    *Honor
}
```

需要注意的是，结构体嵌套有一个很容易错的点，即在初始化时一定要初始化嵌入的结构体，否则在调用嵌入的结构体中的方法时容易出现错误。

将切片传递给函数后，函数就能直接访问其内容了。下面使用函数来提高处理切片的效率。假设有一个菜品名称的切片：

```
func ShowName(names []string)
    { for _,name :=range names{
        fmt.Println("这是："+name)
    }
}

func main() {
    list := []string{
        "红烧肉", "清蒸鱼", "熘大虾", "蒸螃蟹", "蒜蓉粉丝扇贝",
    }
    ShowName(list)
}
```

我们把 ShowName 函数定义成可接收一个名字切片，并将其存储在形参 names 中。这个函数会遍历接收到的切片，并为每个菜品名称打印一条语句。

首先定义菜品名称的切片 list，然后调用 ShowName 函数，并将这个切片传递给它，输出如下：

```
这是：红烧肉
这是：清蒸鱼
这是：熘大虾
这是：蒸螃蟹
这是：蒜蓉粉丝扇贝
```
```

输出完全符合预期。

下面在函数内部改变传入切片的值，由此证明切片传递的是引用类型：

```
func ShowName2(names []string)
    { for idx,name :=range names{
        if name=="蒜蓉粉丝扇贝"{
            names[idx]="鲍鱼粥"
        }
        fmt.Println("这是: "+name)    //②
    }
}
func main() { fmt.Println(list)       //①
ShowName2(list) fmt.Println(list)     //③
}
```

输出如下。

①顺序打印：

[红烧肉 清蒸鱼 熘大虾 蒸螃蟹 蒜蓉粉丝扇贝]

②逐行打印：

这是：红烧肉
这是：清蒸鱼
这是：熘大虾
这是：蒸螃蟹
这是：蒜蓉粉丝扇贝

③修改切片值后：

[红烧肉 清蒸鱼 熘大虾 蒸螃蟹 鲍鱼粥]

## 8.4 结构体与 JSON

JSON 是一种特殊格式的字符串，可以传输和存储数据，在日常开发中，JSON 主要负责给前端提供数据，而前端和后端交互的数据格式也是以 JSON 为主的。现在 JSON 已经成为前端开发与后端开发的通信桥梁。

结构体转成 JSON：

```go
import (
    "encoding/json"
    "fmt"
)

type Chef struct {
    Name string
    Age  int
}

func main() {
    c:=Chef{
        Name: "老王",
        Age:  28,
    }
    marshal, err := json.Marshal(&c)
    if err != nil {
        fmt.Println(err)
    }
    fmt.Println(string(marshal))
}
```

输出如下：

```
{"Name":"老王","Age":28}
```

JSON 转成结构体：

```go
var cc Chef
s:='{"Name":"小李","Age":24}'
err = json.Unmarshal([]byte(s), &cc)
if err != nil {
    fmt.Println(err)
}
fmt.Println(cc.Name)
fmt.Println(cc.Age)
```

输出如下：

```
小李
24
```

## 8.5 方法

方法可以看作某种特定类型的函数。方法的声明和普通函数的声明类似，只是在函数名称前面多了一个参数。这个参数是一个类型，可以把这个方法绑定在对应的类型上。

使用方式如下：

```
func （接收者 接收者类型） 方法名称(参数列表...)(返回值列表){
    方法体
    return
}
```

同理，参数列表和返回值列表可以为空。如果返回值列表为空，那么 return 可以省略。

下面为 Chef 增加 Cook 和 FavCook 两个方法：

```
func (c Chef) Cook(name string) string {  //①
    return c.Name+"：做好了 "+name
}

func (c Chef)  FavCook(name string) string {  //②
    return c.Name+"：这是我的拿手菜"+name+"，做好了。"
}
```

上面的两个方法同样可以使用函数表示：

```
func Cook(c Chef, name string) string {
…
}

func FavCook(c Chef, name string) string {
…
}
```

说明：

参数 c 是方法的接收者。在 Go 语言中接收者无须使用特殊名字（如在 Java 中必须使用 this，在 Python 中必须使用 self），而是和其他参数一样，让开发者给接收者命名。因为接收者经常被使用，所以接收者名字应简短且与类型名称保持一致，如 Chef 中的 c。

在调用方法时，接收者在类型名称的前面，接收者是某一类型的变量。

```go
li := Chef{
    Name: "李师傅",
    Age: 25,
    Honor:Honor{},
    Trainee: nil,
}

result:=li.Cook("红烧肉")     //③
fmt.Println(result)
result=li.FavCook("葱烧海参")  //④
fmt.Println(result)
```

输出如下：

李师傅：做好了 红烧肉
李师傅：这是我的拿手菜葱烧海参，做好了。

说明：

①和②为类型 Chef 的声明方法，名字是 Cook 和 FavCook。

③和④是调用方法，因为接收者 c 既可以选择合适的方法，也可以选择结构类型的某些字段，如 c.Name。编译器可以通过接收者类型和方法名称决定调用哪一个方法。同一个类型的方法名称是唯一的，不同的类型可以使用相同的方法名称。

## 8.6 指针接收者方法

在 Go 语言中，值传递时会复制一个变量，在遇到下面两种情况时，应该使用指针类型作为方法的接收者。

- 在调用方法时，需要更新变量。
- 类型的成员很多，占用内存很大，这样的开销会让内存使用率迅速增大。

下面看一段代码：

```go
func (c *Chef) Cook(name string) string {
    return c.Name+": 做好了 "+name
}

func ( c *Chef) FavCook(name string) string {
```

```
        return c.Name+": 这是我的拿手菜"+name+", 做好了。"
}
```

说明:

方法名称是(*Chef).Cook 和(*Chef).FavCook, 这里用的是圆括号, 如果没有圆括号, 就变成 *(Chef.Cook)和*(Chef.FavCook)了。

下面看一下指针接收者调用方法的三种形式。

第一种形式:

```
li := &Chef{
    Name: "李师傅",
    Age:  25,
    Honor:Honor{},
    Trainee: nil,
}

result:=li.Cook("红烧肉")
fmt.Println(result)
result=li.FavCook("葱烧海参")
fmt.Println(result)
```

第二种形式:

```
li2  := Chef{
    Name: "李师傅",
    Age:  25,
    Honor:Honor{},
    Trainee: nil,
}
liPoint := &li2
result2:=liPoint.Cook("红烧肉")
fmt.Println(result2)
result2=liPoint.FavCook("葱烧海参")
fmt.Println(result2)
```

第三种形式:

```
li3  := Chef{
    Name: "李师傅",
    Age:  25,
    Honor:Honor{},
```

```
        Trainee: nil,
    }
    result3:=(&li3).Cook("红烧肉")
    fmt.Println(result3)
    result3=(&li3).FavCook("葱烧海参")
    fmt.Println(result3)
```

## 8.7 实参接收者 type 与*type

如果实参接收者 c 是 Chef 类型的变量，但是方法要求一个*Chef 接收者，那么 Go 语言编译器会对变量进行&c 的隐式转换：

```
type Honor2 struct {
    Title    string    //获奖名称
    GetTime  time.Time //获奖时间
}

type Chef2 struct {
    Name    string //名称
    Age     int    //年龄
    Honor2         //荣誉
    Trainee *Chef2 //徒弟，这里为了演示，可以认为徒弟有多个，用切片表示
}

func (c *Chef2) Cook(name string) string {
    return c.Name + ": 做好了 " + name +"\n"
}

func (c *Chef2) FavCook(name string) string {
    return c.Name + ": 这是我的拿手菜" + name + ", 做好了。\n"
}

func main() {
    wang:=Chef2{
        Name: "王师傅",
        Age: 23,
        Honor2:Honor2{},
        Trainee: nil,
    }
```

```
        result:=wang.Cook("番茄炒蛋")
        fmt.Printf("%s",result)
        result=wang.FavCook("溏心鲍鱼")
        fmt.Printf("%s",result)
}
```

输出如下：

王师傅：做好了 番茄炒蛋
王师傅：这是我的拿手菜溏心鲍鱼，做好了。

如果接收者类型是*Chef，那么以 Chef.Cook 的方式调用也是合法的，因为在从地址中获取 Chef 的值时，编译器会自动插入一个隐式的*操作符。

```
type Honor3 struct {
    Title    string    //获奖名称
    GetTime time.Time //获奖时间
}

type Chef3 struct {
    Name     string //名称
    Age      int    //年龄
    Honor3          //荣誉
    Trainee *Chef3  //徒弟，这里为了演示，可以认为徒弟有多个，用切片表示
}

func (c Chef3) Cook(name string) string {
    return c.Name + ": 做好了 " + name +"\n"
}

func (c Chef3) FavCook(name string) string {
    return c.Name + ": 这是我的拿手菜" + name + ", 做好了。\n"
}

func main() {
    zhao:=&Chef3{
        Name: "赵师傅",
        Age: 26,
        Honor3:Honor3{},
        Trainee: nil,
    }
    fmt.Printf("%s",zhao.Cook("蛋炒饭"))
```

```go
        fmt.Printf("%s",zhao.FavCook("小炒肉"))
}
```

输出如下:

赵师傅：做好了 蛋炒饭
赵师傅：这是我的拿手菜小炒肉，做好了。

总结如下：

（1）若实参接收者是 Type 类型的变量，而形参接收者是*Type，则编译器会隐式地获取变量的地址。

（2）若实参接收者是*Type，而形参是 Type 类型的变量，则编译器会隐式地引用接收者，获得实际的值。

（3）不能对一个不能取地址的 Type 接收者参数调用*Type 方法，因为无法获取变量的地址。

当传入的接收者实参是 nil 时，应该怎么做呢？比如切片或字典等。切片和字典的零值就是 nil，说明它是合理的，有意义的。我们通常先对使用接收者和 nil 做比较，再进行其他业务逻辑处理。

## 8.8 值方法与指针方法的区别

值方法和指针方法有什么区别呢？下面先来看看代码：

值方法：

```go
func (c Chef) Cook(name string) string { //①
    return c.Name+": 做好了 "+name
}
func (c Chef) FavCook(name string) string { //②
    return c.Name+": 这是我的拿手菜"+name+", 做好了。"
}
```

指针方法：

```go
func (c *Chef) Cook(name string) string {
    return c.Name+": 做好了 "+name
}
func (c *Chef) FavCook(name string) string {
```

```
        return c.Name+":这是我的拿手菜"+name+",做好了。"
}
```

说明:

①值方法的接收者是该方法所属类型值的副本。在方法体内执行的操作大多是对该副本进行修改,基本不会改变原值,但引用类型除外,如字典、切片等。

②指针类型的接收者是该方法所属类型的指针。在方法体内执行的操作,是对指针指向的值进行操作,可以改变原值。

在自定义的结构体方法集合中仅包含它的值方法,在该结构体的指针类型的方法集合中包括了所有的值方法。Go 语言的结构体类型方法只能调用值方法,但是 Go 语言的编译器会适当地进行自动转译,进而也能调用它的指针方法,代码如下:

```
type Honor3 struct {
    …
}

type Chef3 struct {
    …
}

func (c Chef3) Cook(name string) string {
    return c.Name + ":做好了 " + name +"\n"
}

func (c Chef3) FavCook(name string) string {
    return c.Name + ":这是我的拿手菜" + name + ",做好了。\n"
}


zhao:=&Chef3{
    …
}
fmt.Printf("%s",zhao.Cook("蛋炒饭"))
fmt.Printf("%s",zhao.FavCook("小炒肉"))
```

调用成功,输出如下:

```
赵师傅:做好了蛋炒饭
赵师傅:这是我的拿手菜小炒肉,做好了。
```

## 8.9 方法与表达式

在调用方法时必须有接收者,但是在表达式 Type.func 或者(*Type).func 中,Type 是类型,与前文介绍的函数变量类似。

代码如下:

```
liFav:=li.FavCook
r:=liFav("葱烧海参")
fmt.Printf("%s",r)
```

输出如下:

李师傅:这是我的拿手菜葱烧海参,做好了。

## 8.10 小结

结构体是面向对象编程的重要组成部分。

**1. 封装**

(1)封装的意义在于保护或者防止代码(数据)被我们或其他调用者无意中破坏。

(2)保护成员属性,不让结构体以外的程序直接访问和修改。

(3)隐藏方法细节。

封装的原则是高内聚、低耦合。

内聚:内聚是指一个模块内部各部分之间的关联程度。

耦合:耦合是指各模块之间的关联程度。

封装可以隐藏对象的属性和实现细节,仅对外公开访问方法,并且控制访问级别。在 Go 语言的面向对象方法中,是用结构体来实现上面要求的,即用结构体实现封装,用封装实现高内聚、低耦合。

**2. 结构体**

(1) Go 语言通过结构体的方式实现了面向对象的封装。

(2) Go 语言中没有类,但通过结构体可以实现相同的作用。

(3) Go 语言采用更灵活的组合方式来应对复杂的问题,例如在 Chet 结构体中使用了 Honer 结构体。

# 第 9 章 接口

## 9.1 接口的定义及使用

接口（Interface）是一种抽象类型，它没有暴露内部结构，所提供的仅仅是一些方法。在 Go 语言中，接口是隐式实现的。对于一个类型，我们不需要知道它实现了哪个接口，只要它实现了接口的所有方法即可。在拿到一个接口类型时，通常并不知道它是什么，我们知道的仅仅是它能做什么或者说它提供了什么方法。

先来看一段代码：

```
type 名称 interface{
    方法的定义
}

type ChefInterface interface {
```

```
    Cook() bool.  //①
    FavCook(foodName string) bool //②
}

type Chef struct {
    Name string
    Age  int
}

func (c Chef) Cook() bool {.  //③
    fmt.Println(c.Name + "饭菜做好了")
    return true
}

func (c Chef) FavCook(foodName string) bool { //④
    fmt.Println(c.Name + "的拿手菜" + foodName + "做好了")
    return true
}

func main() {
    li := Chef{    //⑤
      Name: "李师傅",
      Age:  28,
    }

    li.FavCook("红烧肉")  //⑥
    li.Cook()            //⑦
}
```

说明：

①和②是接口的声明，就是每个人都会做饭（Cook），并且有拿手菜（FavCook）。需要注意的是，这里仅仅定义了两个方法，用来说明两种能力，较为抽象。

③和④是接口的实现，具体说明哪些类型可以有这种能力，用结构体 Chef（Chef 代表厨师）去实现这两种能力。现在我们知道厨师这个类型有做饭和做拿手菜的能力。

⑤创建一个具体的对象 li，他的属性有名字和年龄。

⑥和⑦就是用对象 li 来执行这两个方法。

从上面的代码可以看出从抽象到具体的全部过程，当然，除具体的对象 li 之外，还可以创建其他对象，有不同的名字和年龄，可以做不同的拿手菜。

空接口（interface{}）可以保存任何类型的值，代码如下：

```go
func Say(i interface{}) {
    fmt.Printf("(%v, %T)\n", i, i)
}

func main() {
    var i interface{}
    Say(i)

    i = 77
    Say(i)

    i = "Go 语言学习"
    Say(i)
}
```

输出如下：

```
(<nil>, <nil>)
(77, int)
(Go 语言学习, string)
```

## 9.2 非侵入式接口

接口是不同组件之间的契约，分为侵入式和非侵入式两种。Java 的接口为侵入式接口，而 Go 的接口为非侵入式接口。"侵入式"的主要表现是在实现类时需要明确声明自己实现了哪一个接口。在 Java 中，对契约的实现是强制的，即必须继承或显式地实现该接口，代码如下：

```java
pubic interface ICook{
    void Cook(String name);
    void Buy();
    void Eat();
}
public class Chef implements ICook{
    @Override
    public void Cook(String name) {
    }
    @Override
```

```
    public void Buy() {
    }
    @Override
    public void Eat() {
    }
}
```

上面的接口是侵入式接口,即实现类需要明确声明自己实现了哪一个接口。比如,上面的 ICook 接口有 3 个方法,如果使用这个接口,就必须使用 implements 关键字显式声明实现 ICook 这个接口,并且实现类需要重新实现这些方法的声明。

在 Go 语言中,只要一个结构体实现了某接口中定义的方法,这个结构体就实现了该接口,代码如下:

```
type ICook interface {
    Cook(name string)
    Buy()
    Eat()
}
type Chef struct {}
func (c Chef) Cook(name string){}
func (c Chef) Buy(){}
func (c Chef) Eat(){}
```

在实现时,结构体只需关心应该实现哪些方法即可,不需要考虑接口名称,接口由使用方决定。在上面的代码中,使用方 Chef 并没有告诉 Chef 结构体去实现 ICook 接口,而是直接实现了 ICook 接口中的 3 个方法。在实现了这 3 个方法后,它们就实现了 ICook 接口。

这样的好处是:

(1)不用为了实现一个接口而导入一个包。

(2)想要实现一个接口,直接实现它包含的方法即可。

(3)在写结构体时无须去想应怎么实现接口设计的问题,这点在大型复杂的项目中尤为重要。

## 9.3 使用指针接收者实现接口

如果一个结构体实现了一个接口要求的所有方法，那么这个结构体就实现了这个接口。

对于方法接收者，每个具体类型的方法接收者就是这个类型本身。当调用方法时，每次调用都要有一个接收者，如果频繁调用，那么就会有多个接收者，这会极大地浪费内存，毕竟计算机的内存是有限的。应该怎么办呢？这里建议使用（*）取地址的操作，就是每次都去这个接收的地址那里找到这个接收者，这样无论调用多少次方法，接收者都是同一个地址，即一个对象，这样可以节省计算机的内存。

```go
type ChefInterface interface {
    Cook() bool
    FavCook(foodName string) bool
}

type Chef struct {
    Name string
    Age  int
}

func (c *Chef) Cook() bool {
    fmt.Println(c.Name + "饭菜做好了")
    fmt.Printf("%p\n",c)
    return true
}

func (c *Chef) FavCook(foodName string) bool {
    fmt.Println(c.Name + "的拿手菜" + foodName + "做好了")
    fmt.Printf("%p\n",c)
    return true
}

func WorkForDinner(c *Chef,foodsName string){
    var ci ChefInterface=c
    ci.Cook()
    ci.FavCook(foodsName)
}

func main() {
```

```go
    li := Chef{
        Name: "李师傅",
        Age:  28,
    }
    fmt.Printf("李师傅对象的地址是%p\n",&li)
    WorkForDinner(&li,"红烧肉")

    zhang:=Chef{
        Name: "张师傅",
        Age:  25,
    }
    fmt.Printf("张师傅对象的地址是%p\n",&zhang)
    WorkForDinner(&zhang,"盐焗鸡")
}
```

输出如下：

李师傅对象的地址是 0xc0000ae020
李师傅饭菜做好了
0xc0000ae020

李师傅的拿手菜红烧肉做好了
0xc0000ae020030

张师傅对象的地址是 0xc0000ae040
张师傅饭菜做好了
0xc0000ae040

张师傅的拿手菜盐焗鸡做好了
0xc0000030ae040

可以看到，李师傅对象的地址是 0xc0000ae020，张师傅对象的地址是 0xc0000ae040，这和前面介绍的完全相符。

**注意**：在不同的计算机上执行这个例子时，地址的值和上面的可能不同，因为内存的分配不是固定的，有一定的随机性。

## 9.4 接口的嵌套

Go 语言可以使用组合的方式得到新的接口，如下：

```go
type ChefInterface interface {
    Cook() bool
    FavCook(foodName string) bool
}

type FarmInterface interface {
    FarmVegeTables(string) string
}

type AdvanceChef interface { //①
    ChefInterface
    FarmInterface
}

type AdvanceChef interface { //②
    Cook() bool
    FavCook(foodName string) bool
    FarmVegeTables(string) string
}

type AdvanceChef interface { //③
    Cook() bool
    FavCook(foodName string) bool
    FarmInterface
}
```

说明：

①嵌入式接口，与结构体的嵌入类似。

②全部的方法定义。

③部分嵌套，部分方法定义。

虽然②和③不够简洁，但是声明的效果与①相同。

实现 AdvanceChef 的接口如下：

```go
type Chef struct {
    …
}

func (c *Chef) Cook() bool {
```

```
    …
}

func (c *Chef) FavCook(foodName string) bool {
    …
}

func (c *Chef) FarmVegeTables(name string) string{
    return name+"可以收割了。\n"
}

func main() {
    zhang := Chef{
        Name: "张师傅",
        Age:  28,
    }
    fmt.Printf("%s",zhang.FarmVegeTables("豆角"))
    zhang.FavCook("干煸豆角")
    r:=zhang.Cook()
    fmt.Println(r)
    r=zhang.Cook()
    fmt.Println(r)
}
```

输出如下:

豆角可以收割了。
张师傅的拿手菜干煸豆角做好了
张师傅饭菜做好了

从代码中可以看出,组合的方式不仅非常方便,还非常灵活。我们可以任意组合已有的接口,或者新增接口,达到扩展的需求。在日常开发中,这种用法十分常见。

下面介绍一些易犯的错误:

如果一个类型实现了一个接口要求的所有方法,那么这个类型就实现了这个接口。一个类型 T,如果它的部分方法的接收者是 T,但是其他方法的接收者是*T 指针,那么通过类型 T 的变量是可以直接调用*T 指针的方法的,因为编译器隐式地完成了取地址的操作。

下面这行代码是可以运行的,因为 zhang 是一个变量,&zhang 中有 FarmVegeTables 这个方法。

```
zhang.FarmVegeTables("豆角")
```

下面这段代码会报错：

```
Chef{
    Name: "张师傅",
    Age: 28,
}.FarmVegeTables("豆角")
```

报错如下：

```
Cannot call pointer method on 'Chef{ Name: "张师傅", Age: 28, }'
```

即 FarmVegeTables 这个方法需要一个 *Chef 接收者。

## 9.5 接口值

一个接口类型的值（简称接口值）由两部分组成：

（1）具体类型（动态类型）；

（2）类型的值（动态值）。

在 Go 语言中，类型仅仅是编译时的概念，所以类型不是一个值。类型描述符可以提供每个类型的具体信息，比如它的名字和方法等。对于一个接口值，类型部分一般用对应的类型描述符来表达。

如果接口值的零值是 nil，则它的动态值为 nil。一个接口值是否为 nil 取决于它的动态类型。我们可以用 ci==nil 或者 ci!=nil 做判断。如果在 nil 上调用了一个方法，则会让程序崩溃。

在编译时，通常并不知道一个接口值的动态类型是什么，这时就需要进行动态分发。编译器必须生成一段代码，以便从类型描述符中拿到方法地址，再间接调用该方法地址。调用的接收者就是接口值的动态值。

只有在运行时，我们才能确定接口的动态类型是什么。

```
type ChefInterface interface {
    …
}

type Chef struct {
    …
```

```
}

func (c *Chef) Cook() bool {
    …
}

func (c *Chef) FavCook(foodName string) bool {
    …
}

func WorkForDinner(c *Chef,foodsName string){
    var ci ChefInterface=c  //④
    ci.Cook() //①
    ci.FavCook(foodsName)
}

func main() {
    li := Chef{
        Name: "李师傅",
        Age:  28,
    }
    WorkForDinner(&li,"红烧肉")  //②

    zhang:=Chef{
        Name: "张师傅",
        Age:  25,
    }
    WorkForDinner(&zhang,"盐焗鸡")  //③

    var ci ChefInterface   //⑤
    fmt.Printf("%T\n",ci)

    ci=new(Chef)     //⑥
    fmt.Printf("%T\n",ci)
}
```

说明：

①如果 ci 的接口值是 nil，则程序会崩溃，因为对空指针取引用值会导致程序崩溃。

②和③函数在运行时，会把真实的值传递给 WorkForDinner 函数，此时④处才能确定 ci 的

动态类型是什么。

⑤在定义 ci 时，声明了其类型为 ChefInterface，这是真正意义上的空接口，因为它的类型和值都为 nil，在这里可以用 ci==nil 或者 cil!=nil 做判断。

```
fmt.Printf("%T\n",ci)
输出：nil
```

⑥在为 ci 赋值时，ci 的动态类型为*Chef，动态值是一个指向新分配的 Chef 的指针。

输出如下：

```
  *main.Chef
```

## 9.6　error 接口

在 Go 语言中，error 接口的定义如下：

```
type error interface{
    Error() string
}

type errorString struct {
    s string
}

func New(text string) error {
    return &errorString{text}
}

func (e *errorString) Error() string {
    return e.s
}
```

说明：

errorString 定义了一个结构体，内部只有一个类型为 string 的成员。

实现 Error 方法的是*errorString 指针，不是类型 errorString。它的目的是在调用 New 函数时使分配的 error 实例变量都不相等。

## 9.7 类型断言

类型断言的写法如下：

```
i.(Type)
```

- i 是一个接口类型的表达式。
- Type 是一个类型。

类型断言会检查 i 的动态类型是否满足指定的 Type 类型。如果 i 是空值，则类型断言会失败。

**第一种情况**

当 Type 是一个具体的类型时，类型断言会检查 i 的动态类型是否是 Type。如果检查成功，则断言的结果为 i 的动态类型是 Type。如果检查失败，则程序崩溃。

```
var ci ChefInterface
    ci=&zhang
    c:=ci.(*Chef)
fmt.Println(c)
```

输出如下：

```
&{张师傅 25}
```

**第二种情况**

如果 Type 是一个接口类型，那么断言检查 i 的动态类型是否为接口类型 Type。如果检查成功，则动态值没有获取成功，结果是一个接口值。接口值和值的类型没有变化，只是结果的类型为接口类型 Type。

```
var ci ChefInterface
    ci=&zhang
    c:=ci.(ChefInterface)
fmt.Println(c)
```

输出如下：

- &{张师傅 25}

## 9.8 类型分支

前面章节我们学过 switch 分支，switch 分支是普通的判断分支。类型分支操作的则是 x.(type)，每个分支都是一个类型。

代码如下：

```
var x interface{}
x="abc"
switch x.(type) {
    case string:
        …
    case bool:
        …
    case int:
        …
}
```

## 9.9 动态类型、动态值和静态类型

一个类型想要实现接口中的方法，则必须满足两个条件：

（1）方法的签名必须一致；

（2）方法名称必须一致。

给接口中增加 1 个方法，代码如下：

```
type ChefInterface interface {
    …
    Hidden(b bool) string
}
```

让 Chef 类型实现这个方法：

```
func (c Chef) Hidden(b bool) string {
    if b {
        return c.Name + "有隐藏绝活"
    }
```

```
        return ""
}
```

类型 Chef 声明了 3 个方法：1 个值方法 Hidden，2 个指针方法 Cook 和 FavCook。

在 Chef 类型自身的方法集合中只有 1 个方法，即值方法 Hidden。而在它的指针类型*Chef 方法集合中却包括了 3 个方法。这 3 个方法正是 ChefInterface 中的方法实现，所以*Chef 类型就是 ChefInterface 的实现类，代码如下：

```
zhang:=Chef{
    Name: "张师傅",
    Age:  25,
}

var ci ChefInterface
ci=&zhang
```

正因如此，我们可以声明并初始化一个 Chef 类型的变量 zhang，然后把它的指针赋值给类型为 ChefInterface 的变量 ci。在上面的例子中，我们赋值给 ci 的值是动态值，值的类型是动态类型。由于这些是在运行时才能确定的，所以也叫实际值和实际类型。

静态类型：对于变量 ci 来说，它的静态类型永远是 ChefInterface，但是动态类型会随着动态值的变化而变化。如果还有其他类型（如 Worker）实现了接口方法，并且赋值给了变量 ci，那么它的动态类型就是*Worker。

下面看一个例子：

```
type ChefInterface interface {
    GetHonor() string
}

type Chef struct {
    Name string
    Age  int
    Honor string
}

func (c Chef) GetHonor() string{
    return c.Honor
}

func (c *Chef) SetHonor(title string) {
```

```go
        c.Honor = title
}

func main() {
    zhang:=Chef{
        Name:  "张师傅",
        Age:   36,
        Honor: "米其林1星",
    }
    fmt.Println(zhang.GetHonor())
    var ci ChefInterface = zhang
    zhang.SetHonor("米其林3星")
    fmt.Println(zhang.GetHonor())
    fmt.Println(ci.GetHonor())
}
```

输出如下：

米其林1星
米其林3星
米其林1星

这个结果是不是有点出乎意料呢？问题是如何产生的？

说明：

chef 的 SetHonor 方法是指针方法，所以该方法持有的接收者就是指向 zhang 的指针值，对接收者的 Honor 字段的赋值就是对变量 zhang 的改动。在 Zhang.SetHonor("米其林3星")执行后，zhang 的 Honor 字段的值一定是米其林3星。

如果使用一个变量 A 给另一个变量 B 赋值，那么变量 B 并不是持有变量 A，而是持有一个副本。因此，zhang.GetHonor 方法和 ci.GetHonor 方法打印的结果是不一致的。

前面曾介绍过，在被赋值之前，接口的值都是 nil，即它的零值。一旦被赋值，它的值就不是 nil 了。当给一个接口变量赋值时，该变量的动态类型和动态值会一起被存储在一个数据结构中。这样的变量的值其实是这个数据结构中的一个实例，而不是赋给该变量的实际值。所以 zhang 和变量 ci 的值也是不同的。可以认为变量 ci 的值中包含了 zhang 值的副本。

这个数据结构在 runtime 包的 runtime2.go 中：

```
type iface struct {
    tab *itab
```

```
        data unsafe.Pointer
}

type itab struct {
    inter *interfacetype
    _type *_type
    hash  uint32
    _     [4]byte
    fun   [1]uintptr
}

type _type struct {
    size       uintptr
    ptrdata    uintptr
    hash       uint32
    tflag      tflag
    align      uint8
    fieldAlign uint8
    kind       uint8
    equal func(unsafe.Pointer, unsafe.Pointer) bool
    gcdata    *byte
    str       nameOff
    ptrToThis typeOff
}
```

下面测试一下：

```
var zhang Chef
var ci ChefInterface
if ci==nil{ //①
    fmt.Println("ci is nil")
}
ci= zhang

if ci==nil{ //②
    fmt.Println("ci is nil,too")
}
zhang.SetHonor("米其林3星")
fmt.Println(zhang.GetHonor())
    fmt.Println(ci.GetHonor())
```

输出如下：

```
ci is nil
```

米其林 3 星

（这一行是空字符串，说明 ci.GetHonor()成功执行。）

```
Exiting.
```

说明：

因为 ci ChefInterface 只声明了其类型，并没有申请内存空间，所以是 nil，即 zhang.SetHonor("米其林 3 星")调用是成功的，其原因是：interface 是一个对象，在进行函数调用时，会对 zhang 的空指针进行隐式转换，转换成实例的 interface ChefInterface 对象，所以这个时候变量 ci 并不为空，而其 data 变量为空，所以执行是正常的。

总结一下，在接口变量被赋动态值时，存储的是包含了这个动态值的副本的一个结构更加复杂的值。

## 9.10 小结

本章学习了接口。我们在声明一个接口时，只是对一个方法进行了声明，由结构体去具体实现这个接口，而每个对象都有处理这个方法的不同的逻辑，从而达到多态的效果。

多态是指允许不同结构体的对象对同一消息做出响应。即同一消息可以根据发送对象的不同而采用不同的行为方式。多态也称为动态绑定，是指在执行期间判断引用对象的实际类型，并根据其实际类型调用相应的方法。多态的作用是消除类型之间的耦合关系。

**多态的优点如下：**

灵活：每个对象都实现了相同接口的方法，从调用者的角度来看，只要提供不同的对象，就可以调用同样的方法，实现不同的业务逻辑操作，提高使用效率。

简化：多态简化了编写和修改代码的过程，尤其在处理大量对象的运算和操作时，这点非常重要。

# 第二部分 高效并发

# 第 10 章
# 协程与通道

## 10.1 并发

前文写的程序都是串行的,即程序的执行顺序和程序的编写顺序一致,整个程序只有一个上下文,就是一个栈,一个堆。并发则需要运行多个上下文,对应多个调用栈。每个进程在运行时,都有自己的调用栈和堆,有一套完整的上下文。而操作系统在调用时,会保证被调度进程的上下文环境,待该进程获得时间后,再将该进程的上下文恢复到系统中。

串行的代码是逐行执行的,是确定的,而并发引入了不确定性。线程通信只能采用共享内存的方式,为了保证共享内存的有效性,可以加锁,但是又引入了死锁的风险。

并发的优势如下：

（1）可以充分利用 CPU 核心的优势，提高程序的执行效率。

（2）并发能充分利用 CPU 与其他硬件设备的异步性，如文件操作等。

### 1. 多进程是操作系统层面的并发模式

所有的进程都由内核管理。进程描述的是程序的执行过程，是运行着的程序。一个进程其实就是一个程序运行时的产物。计算机为什么可以同时运行那么多应用程序？手机为什么可以有那么多 App 同时在后台刷新？这是因为在它们的操作系统之上有多个代表着不同应用程序的进程在同时运行。操作系统会为每个独立的程序创建一个进程，进程可以装下整个程序需要的资源。例如，程序执行的进度、执行的结果等，都可以放在里面。在程序运行结束后，再把进程销毁，然后运行下一个程序，周而复始。进程在程序运行中是非常占用资源的，无论是否会用到全部的资源，只要程序启动了，就会被加载到进程中。

优势是进程互不影响，劣势是开销非常大。

### 2. 多线程属于系统层面的并发模式，也是使用最多、最有效的一种模式

线程是在进程之内的，可以把它理解为轻量级的进程。它可以被视为进程中代码的执行流程。这样在处理程序的运行和记录中间结果时，就可以使用更少的资源，待资源用完，线程会被销毁。线程要比进程轻量级很多。一个进程至少包含一个线程。如果一个进程只包含一个线程，那么它里面的所有代码都只会被串行地执行。每个进程的第一个线程都会随着该进程的启动而被创建，它们被称为其所属进程的主线程。同理，如果一个进程中包含多个线程，那么其中的代码就可以被并发地执行。除进程的第一个线程外，其他的线程都是由进程中已存在的线程创建出来的。也就是说，主线程之外的其他线程都只能由代码显式地创建和销毁。这需要我们在编写程序时进行手动控制。

优势是比进程开销小一些，劣势是开销仍然较大。

### 3. goroutine

从本质上说，goroutine 是一种用户态线程，不需要操作系统进行抢占式调度。

在 Go 程序中，Go 语言的运行时系统会自动地创建和销毁系统级的线程。系统级线程指的是操作系统提供的线程，而对应的用户级线程（goroutine）指的是架设在系统级线程之上的，由用户（或者说我们编写的程序）完全控制的代码执行流程。用户级线程的创建、销毁、调度、状态变更，以及其中的代码和数据都完全需要由程序自行实现和处理，其优势如下：

（1）因为它们的创建和销毁不需要通过操作系统去做，所以速度很快，可以提高任务并发性。编程简单、结构清晰。

（2）由于不用操作系统去调度它们的运行，所以很容易控制，并且很灵活。

## 10.2 协程并发模型

在 Go 语言中，不要通过共享数据来通信，恰恰相反，要通过通信的方式来共享数据。

Go 语言不仅有 goroutine，还有强大的用来调度 goroutine、对接系统级线程的调度器。

调度器是 Go 语言运行时系统的重要组成部分，它主要负责统筹调配 Go 并发编程模型中的三个主要元素，即 G（goroutine 的缩写）、P（processor 的缩写）和 M（machine 的缩写），如图 10-1 所示。

图 10-1

其中，M 指的就是系统级线程。而 P 指的是一种可以引用若干个 G，且能够使这些 G 在恰当的时机与 M 进行对接，并得到运行的中介。

从宏观上说，由于 P 的存在，G 和 M 可以呈现出多对多的关系。当一个正在与某个 M 对接并运行着的 G，需要因某个事件（比如等待 I/O 或锁的解除）而暂停运行时，调度器总会及时地发现，并把这个 G 与那个 M 分离开，以释放计算资源供那些等待运行的 G 使用。

而当一个 G 需要恢复运行时，调度器又会尽快地为它寻找空闲的计算资源（包括 M）并安排运行。另外，当 M 不够用时，调度器会向操作系统申请新的系统级线程，而当某个 M 已无用时，调度器又会负责把它及时地销毁。

程序中的所有 goroutine 也都会被充分地调度，其中的代码也都会被并发地运行，即使 goroutine 数以十万计，仍然可以如此。

什么是主 goroutine，它与其他 goroutine 有什么不同？

先来看下面的代码：

```go
package main

import "fmt"

func main() {
  for i := 0; i < 10; i++ {
    go func() {
      fmt.Println(i)
    }()
  }
}
```

这段代码只在 main 函数中写了一条 for 语句。这条 for 语句中的代码会迭代运行 10 次,并有一个局部变量 i 表示当次迭代的序号,该序号是从 0 开始的。在这条 for 语句中仅有一条 Go 语句,在这条 Go 语句中也仅有一条语句,该语句调用了 fmt.Println 函数,想要打印出变量 i 的值。这个程序很简单,只有三条语句。这个程序被执行后,会打印出什么内容呢?

答案是:大部分计算机执行后,屏幕上不会有任何内容被打印出来。

这是为什么呢?

一个进程总会有一个主线程,类似地,每一个独立的 Go 程序在运行时也总会有一个主 goroutine。这个主 goroutine 会在 Go 程序的运行准备工作完成后被自动地启用。

一般来说,每条 Go 语句都带有一个函数调用,这个被调用的函数就是 Go 函数。而主 goroutine 的 Go 函数就是那个作为程序入口的 main 函数。Go 函数执行的时间与其所属的 Go 语句执行的时间不同。

如图 10-2 所示,当程序执行到一条 Go 语句时,Go 语言的运行时系统会先试图从某个空闲的 G 队列中获取一个 G(goroutine),只有在找不到空闲 G 的情况下它才会去创建一个新的 G。如果已经存在一个 goroutine,那么已存在的 goroutine 总是会被优先复用。如果不存在,就去启动另一个 goroutine。

在 Go 语言中,创建 G 的成本非常低。创建一个 G 并不需要像新建一个进程或者一个系统级线程那样,必须通过操作系统的系统调用来完成,而是在 Go 语言运行时系统内部就可以完全做到。

在拿到一个空闲的 G 之后,Go 语言运行时系统会用这个 G 去包装当前的那个 Go 函数(或者一个匿名的函数),然后再把这个 G 追加到某个可运行的 G 队列中。队列中的 G 总是按照先入先出的顺序,由运行时系统安排运行。由于上面所说的那些准备工作是不可避免的,所以会消耗一定时间。因此，Go 函数的执行时间总是慢于它所属的 Go 语句的执行时间。

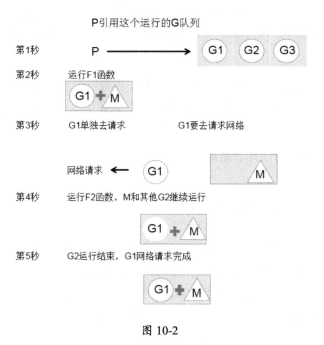

图 10-2

明白了这些之后，再来看上面的例子。请记住，只要 Go 语句本身执行完毕，Go 程序不会等待 Go 函数的执行，它会立刻执行后边的语句，这就是异步并发执行。

这里"后边的语句"一般指的是上面例子中 for 语句中的下一个迭代。当最后一个迭代运行时，这个"后边的语句"是不存在的。

上面的那条 for 语句会以很快的速度执行完毕。当它执行完毕时，那 10 个包装了 Go 函数的 goroutine 往往还没有获得运行的机会。Go 函数中的那个对 fmt.Println 函数的调用是以 for 语句中的变量 i 作为参数的。当 for 语句执行完毕时，这些 Go 函数都还没有执行，那么它们引用的变量 i 是多少呢？

一旦主 goroutine 中的代码（也就是 main 函数中的那些代码）执行完毕，当前的 Go 程序就会结束运行。当 Go 程序结束运行时，无论其他的 goroutine 是否运行，都不会被执行了。当 for 语句的最后一个迭代运行时，其中的那条 Go 语句即最后一条语句。所以，在执行完这条 Go 语句之后，主 goroutine 中的代码就执行完了，Go 程序会立即结束运行。因此前面的代码不会有任何内容被打印输出。

严谨地讲，Go 语言并不管这些 goroutine 以怎样的顺序运行。由于主 goroutine 会与 goroutine 一起被调度，而调度器很可能会在 goroutine 中的代码只执行了一部分的时候暂停，以便所有的 goroutine 都有运行的机会。所以哪个 goroutine 先执行完，哪个 goroutine 后执行完往往是不可预知的。

对于上面简单的代码而言，绝大多数情况都是"不会有任何内容被打印出来"。但是为了严谨起见，无论回答"打印出 10 个 10"，还是"不会有任何内容被打印出来"，或是"打印出乱序的 0 到 9"都是对的。

这个原理非常重要，希望读者能理解。

## 10.3　goroutine（协程）的使用

在 Go 语言中，创建一个 goroutine 应使用关键字 go，这可以从 Go 语言命名体现出来。goroutine 是 Go 语言中轻量级线程的实现，由 Go 语言的运行时系统管理，它是并发执行的。当一个程序启动时，由一个 goroutine 来调用 main 函数，我们称为主 goroutine。其他 goroutine 是通过 Go 语句创建的。Go 语句既可以写在普通函数前，也可以写在调用方法前。Go 语句可以让函数或方法在一个新的 goroutine 中被调用。

在函数前加上 go 关键字之后，就会在一个新的 goroutine 中并发执行该函数。当调用函数返回时，这个 goroutine 会自动结束。

**注意**：如果这个函数有返回值，那么这个返回值会被丢弃。

例如下面的代码：

```
func Work(){
    fmt.Println("我在工作")
}

func main() {
    fmt.Println("主协程开始运行")
    go Work()
    fmt.Println("主协程运行技术")
}
```

输出如下：

```
主协程开始运行
主协程运行技术
```

没有打印"我在工作",说明没有执行 Work 函数。

Go 语言从 main 函数开始,当 main 函数返回时,直接退出程序,不需要等待其他 goroutine 结束。所有的 goroutine 都被强行地终止。

在本书的后面会介绍通道(channel),这里先用 Sleep 函数看一下效果:

```
func main() {
    fmt.Println("主协程开始运行")
    go Work()
    time.Sleep(1*time.Second)
    fmt.Println("主协程运行技术")
}
```

输出如下:

```
主协程开始运行
我在工作
主协程运行技术
```

我们达到了让 Work 函数执行的目的。但是并不确定设置 1s 是不是正确的。在日常开发中,由于业务运行时间并不确定,所以无法给出具体的时间。如果给多了,会降低程序的运行效率;如果给少了,会造成一些意想不到的后果。这时就需要用 goroutine 间的通信方式——通道,来解决这个问题。

在 Go 语言中,每个并发执行的活动都是一个 goroutine。

## 10.4 channel(通道)

channel(通道)是 Go 语言提供的一种 goroutine 间的通信方式。每个 channel 都是一个具体类型的容器,它只能存放这种特定类型。我们可以使用 channel 在两个或多个 goroutine 之间传递消息。通过 channel 传递对象的过程和调用函数时的参数传递过程比较一致。

与 map 一样,channel 也是使用 make 函数创建的。下面使用 make 函数声明一个 channel:

```
var 名字 chan 类型
名字:=make(chan 类型)
```

channel 的用法就是写入和读取:

```
ch:=make(chan bool)  创建一个channel
ch<-true  发送
<-ch  接收
```

当向无缓冲 channel（或 channel 已满）发送数据时通常会导致程序阻塞，直到 goroutine 从这个 channel 中接收数据为止。如果 channel 是空的，则从 channel 中接收数据时也会导致程序的阻塞，直到 channel 被发送了数据。

阻塞指的是由于某种原因数据没有到达，使得当前协程（线程）持续处于等待状态，只有条件满足时才能解除阻塞。

在日常工作中，声明 channel 时是以 chan struct{}作为其类型的。struct{}是无任何字段、无任何方法的空结构体。它的值是 struct{}{}，占用 0 字节的内存空间。由此可见，用 struct{}作为元素类型非常节省内存开销。

## 10.5 channel 进阶

channel 的基本特性如下。

（1）对于同一个 channel，发送操作之间是互斥的，接收操作之间也是互斥的，如图 10-3 所示。

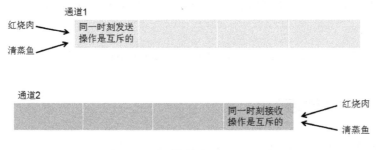

图 10-3

在同一时刻，Go 语言对一个 channel 只执行一个发送操作，直到这个元素被完全复制进该 channel 后，其他针对该 channel 的发送操作才会被依次执行。在同一时刻，Go 语言对一个 channel 只执行一次接收操作，直到这个元素被完全移出该 channel 后，其他针对该 channel 的接收操作才会被依次执行。这些操作是并发执行的。在多个不同的 goroutine 之中，这些操作有机会在同一个时间段内被执行。

对于 channel 中的一个元素值来说，发送操作和接收操作之间也是互斥的。

对于正在被复制进 channel 但是还未复制完成的元素值来说，这个时刻它绝对不想被它的接收方看到或取走。元素值从 channel 外进入 channel 时会被复制。进入 channel 的并不是在接收操作符右边的那个元素值，而是它的副本。

当元素值从 channel 内移到 channel 外时，需要经历两个步骤，如图 10-4 所示。

- 生成 channel 中的这个元素值的副本，并且准备给到接收方。
- 删除 channel 中的这个元素值。

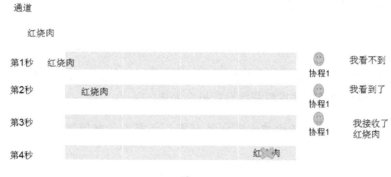

图 10-4

（2）在发送操作和接收操作中，对元素的处理都是原子（不可分割）的。

发送操作只有两种状态：

- 没复制元素值；
- 已经复制完毕。

不会出现只复制了一部分的情况。在接收操作中，在准备好元素值的副本之后，一定会删除 channel 中的原值，不会出现 channel 中仍有残留的元素值这种情况。这样既保证了 channel 中元素值的完整性，也保证了 channel 操作的唯一性。

对于 channel 中的同一个元素，要么被某一个发送操作放入，要么被某一个接收操作取出，不会出现同一个值，又被发送操作，又被接收操作。

（3）发送操作在完全完成功之前会被阻塞，接收操作也是如此。

发送操作分为两步：

- 复制元素值；
- 放置副本到 channel 内部。

在这两个步骤完成之前，发起这个发送操作的代码会一直阻塞在那里。当发送操作完成后，这句代码才能解除阻塞。在 Go 语言中，在 channel 发送操作完成后，Go 语言的运行时系统会通知这句代码所在的 goroutine，让它去争取继续运行代码的机会，直到这句代码被解除阻塞为止。

接收操作分为三步：

- 复制 channel 内的元素值；
- 放置副本到接收方；
- 删除原值。

在所有步骤完成之前，发起该操作的代码会一直阻塞，直到该代码所在的 goroutine 收到 Go 语言的运行时系统的通知并重新获得运行机会为止。

**注意**：发送操作和接收操作都有可能被阻塞，甚至是长时间阻塞。

Go 语言用优雅的方式解决了这个问题。

（1）缓冲 channel。

如果 channel 已经满了，那么对它的全部发送操作都会被阻塞，直到 channel 中有元素值被接收方取走。

此时，channel 会优先通知最早等待的那个发送操作所在的 goroutine，后者会再次执行发送操作。在阻塞的情况下，发送操作所在的 goroutine 会顺序地进入 channel 内部的发送等待队列，因而通知的顺序总是平等的。

如果 channel 是空的，那么对它的所有接收操作都会阻塞，直到 channel 内有新的元素值出现。这时，channel 会通知最早等待的那个接收操作所在的 goroutine，并使它再次执行接收操作。所有接收操作所在的 goroutine 都会按照先后顺序被放入 channel 内部的接收等待队列，因而十分公平。

（2）无缓冲 channel。

无论发送操作还是接收操作，一旦开始执行就会被阻塞，直到配对的操作也开始执行，才会继续传递。可见，无缓冲 channel 是用同步的方式传递数据的。只有收发双方对接上了，数据才会被传递。

另外，数据是直接从发送方复制到接收方的，中间不会用到无缓冲 channel 做中转。由此可见，缓冲 channel 是用异步的方式传递数据的。

缓冲 channel 是发送方和接收方的桥梁，元素值先从发送方赋值给缓冲 channel，之后再由缓冲 channel 复制给接收方。

**注意**：当发送方发现正在操作的是一个空的 channel，并且正好也有等待的接收操作时，它会直接把元素值赋值给接收方。

channel 的零值是 nil，对它所做的发送操作和接收操作会永远处于阻塞状态。它们所属的 goroutine 中的任何代码都不会被执行。

当关闭一个 channel 时，如果再次向其发送数据，则会引发 panic。当关闭一个已经关闭的 channel 时，也会引发 panic。

## 10.6 单向 channel

当一个 channel 作为一个参数时，我们可以让它同时发送和接收消息，这会使得调用者产生困惑。遵循最小化原则，我们可以只执行一种操作，要么发送 chan<- string，要么接收 <-chan string，避免误用。

```
func first(c chan<- string){
    c<-"买菜"
    close(c)
}
func second(c1 <-chan string,c2 chan<- string) {
    r:=<-c1
    c2<- r+" 买肉"
    close(c2)
}
func Cook(c <-chan string) {
    for r:=range c{
        fmt.Println(r+"已经准备好,吃顿好的！")
    }
}
```

```go
func main() {
    ch1:=make(chan string)
    ch2:=make(chan string)

    go first(ch1)
    go second(ch1,ch2)
    Cook(ch2)
    fmt.Println("洗碗...")
}
```

## 10.7 无缓冲 channel

无缓冲 channel 是指那些接收者没有能力保存任何值的 channel。无缓冲 channel 要求执行发送操作的 goroutine 和执行接收操作的 goroutine 必须同时准备好，才能发送数据。

如果两个 goroutine 没有同时准备好，则会导致先执行发送操作或接收操作的 goroutine 处于阻塞等待状态。

这与收快递非常相似，只有你和快递小哥约好时间，快递小哥才会把快递当面给你。有的读者可能会说，我可以让快递小哥把快递先放入快递柜，之后我再去取，这则是下一节要介绍的缓冲 channel。

```
make(chan string)
```

无缓冲 channel 的发送操作将被阻塞，直到另一个 goroutine 在此 channel 上执行接收操作，此时数据传送完毕，两个 goroutine 都可以继续执行。

如果接收操作先执行，则接收方的 goroutine 会被阻塞，直到另一个 goroutine 在此 channel 上发送一个值。

无缓冲 channel 对于发送和接收 goroutine 是同步的。无缓冲 channel 也称为同步 channel。

代码如下：

```go
func Eat(foodName string, c chan bool) {
    fmt.Println("我正在吃" + foodName)
    c <- true
}
```

```
func main() {
    fmt.Println("主协程开始运行")
    c := make(chan bool)
    go Eat("生蚝", c)
    fmt.Println("主协程运行结束")
    <-c
}
```

输出如下：

主协程开始运行
主协程运行结束
我正在吃生蚝

## 10.8 缓冲 channel

缓冲 channel 有一个元素队列，队列的最大长度是在创建的时候通过 make 函数的第二个参数指定的，例如下面的代码：

```
ch:=make(chan int,7)
```

上面的代码表示创建了一个容量为 7 的缓冲 channel。

缓冲 channel 上的发送操作是在队列尾部插入元素，接收操作是从队列头部移除一个元素。如果 channel 满了，则发送操作会阻塞所在的那个 goroutine 上，直到另一个 goroutine 对此 channel 进行接收操作，留出相应的空间。如果 channel 是空的，则执行接收操作的 goroutine 会被阻塞，直到另一个 goroutine 在此 channel 上发送数据。

可以通过内置 cap 函数获取 channel 中的容量，通过 len 函数获取 channel 内的元素个数。

无缓冲 channel 和缓冲 channel 的区别如下。

- 无缓冲 channel：提供了同步机制，因为每一次发送操作都需要和对应的接收操作保持同步。
- 缓冲 channel：发送操作和接收操作是解耦的。

想要知道发送的数量，则可以创建一个容量一致的缓冲 channel。如果在接收操作前，全部数据已经发送完毕，则在内存不足时，可能会导致程序死锁。

## 10.9　select

select 是用来监听与 channel 有关的 I/O 操作的，当 I/O 操作发生时，会触发相应的动作。

select 的用法和 switch 的用法几乎相同，都由一系列的 case 语句和一个默认分支组成。每个 case 语句指定一次通信。select 会一直等待，直到有通信通知有 case 可以执行为止。在执行这次通信时，select 会执行对应的 case 语句；而其他 case 语句不会被触发。如果没有默认分支，则 select 将永远等待。如果有多个条件被触发，则会随机选一个执行。channel 的零值是 nil，当 channel 为 nil 时，发送操作和接收操作将永远被阻塞。对于 select 中的 case 语句来说，如果 channel 是 nil，则它将永远不会被选择。

select 开始一个新的选择块，每个选择条件由 case 语句确定。注意 case 语句必须是一个针对 channel 的操作。

代码如下：

```
select {
    case <-ch:

    case ch<-1:

    default:
}

func GetFood1(c chan string) {
    time.Sleep(3 * time.Second)
    close(c)
}

func GetFood2(c chan string) {
    c <- "清蒸鱼好了。"
    time.Sleep(3 * time.Second)
}

func GetFood3(c chan string) {
    c <- "烤生蚝好了。"
    time.Sleep(2 * time.Second)
}
```

```
func main() {
    c1 := make(chan string)
    c2 := make(chan string)
    c3 := make(chan string)

    go GetFood1(c1)
    go GetFood2(c2)
    go GetFood3(c3)

    select {
    case r := <-c1:
        fmt.Println(r)
    case r := <-c2:
        fmt.Println(r)
    case r := <-c3:
        fmt.Println(r)
    default:
        fmt.Println("菜还没有好。")
    }
}
```

输出如下：

菜还没有好。

由于当前时间还未到 2s，所以程序会执行 default 语句。我们把 default 语句注释掉之后，再次运行程序。输出如下：

烤生蚝好了。

这时，select 语句会被阻塞，直到监测到一个可以执行的 I/O 操作为止。这里，会先执行睡眠 2s 的 goroutine，此时两个 channel 都满足条件，系统会随机选择一个 case 语句继续操作。

使用 break 关键字可结束 select：

```
select {
…
case r := <-c3:
    fmt.Println(r)
    break
}
```

输出如下：

烤生蚝好了。

所有的 channel 表达式都会被求值，所有的 case 语句也都会被求值。求值顺序：自上而下、从左到右。

```
var ch1 chan string
var ch2 chan string
var ch3 chan string
var chs = []chan string{ch1, ch2,ch3}
var foods = []string{"红烧肉","清蒸鱼","烤生蚝"}

func getFood(i int) string {
    fmt.Printf("Foods [%d]\n", i)
    return foods[i]
}
func getChan(i int) chan string {
    fmt.Printf("chs[%d]\n", i)
    return chs[i]
}
    select {
case getChan(0) <- getFood(2):

    fmt.Println("1th case is selected.")
case getChan(1) <- getFood(1):

    fmt.Println("2th case is selected.")
default:
    fmt.Println("default!.")
}
```

在上面的代码中，虽然 select 语句先执行 default 语句，但是每个 case 语句也都会被执行。

输出如下：

```
chs[0]
Foods [2]
chs[1]
Foods [1]
default!.
```

## 10.10　关闭 channel

channel 会设置一个标志位来提示当前发送操作已经完毕，这个 channel 后面没有值了。当一个 channel 关闭后，若再次发送数据，则会引发 panic。当使用 for range 语句循环 channel 的值时，如果 channel 的值为 nil，那么这条 for 语句会永远地阻塞在 for 关键字那一行上。

语法如下：

close(ch)

若想判断一个 channel 是否关闭，可以使用下面的代码：

V, OK: = <-ch

只看第二个 bool 的返回值即可。如果 OK 是 false，则表示 ch 已经关闭。

代码如下：

```
func MakeFood(c chan string){
    foods :=[]string{"红烧肉","清蒸鱼","熘大虾","蒸螃蟹","鲍鱼粥"}
    for _,item:=range foods{
        c<-item
    }
    close(c)
}
func main() {
    ch :=make(chan string)
    go MakeFood(ch)
    for i:=range ch{
        fmt.Println(i+" 菜好了")
    }
    fmt.Println("您的菜，上齐了。")
}
```

输出如下：

```
红烧肉 菜好了
清蒸鱼 菜好了
熘大虾 菜好了
蒸螃蟹 菜好了
鲍鱼粥 菜好了
您的菜，上齐了。
```

## 10.11 小结

本章学习了 Go 语言的特色知识——协程和 Channel。

Go 语言的协程主要应用在 HTTP API 应用和消息推送系统中，等等。

在 HTTP API 应用中，对于每一个 HTTP 请求，服务器都会单独开辟一个协程来处理。这大大提高了 API 应用的处理能力。在每个请求处理过程中，都会有 I/O 调用，比如数据库、缓存、调用其他系统等，此时协程会进入休眠。待 I/O 处理完成后，协程会再次被调度。在请求的响应回复完毕后，链接断开，此时这个协程的生命周期结束。

# 第 11 章
# 并发资源

## 11.1 竞态

前面我们学习了 goroutine 和 channel，本章讨论多个 goroutine 共享变量的问题，以及对这些问题的分析。

我们在编写串行程序时，可以正确地使用函数或方法。如果这个函数或方法在并发调用时没有额外的同步机制，并且在被两个或多个 goroutine 同时调用时，依然可以正确执行，那么这个函数或方法就是并发安全的。如果一个类型的所有可访问的方法和操作都是并发安全的，那么它就是并发安全的类型。

竞态是指多个 goroutine 在交错执行程序时无法得到正确的结果。竞态的程序是危险的，甚至可以让程序在执行过程中得到错误的结果，而你却毫不知情。因为它隐藏在程序的深处，出现的频率非常低,有可能是在高并发的环境下或者在某些其他特定的条件下才会出现,所以很难再现和分析。

```
var balance int

func Sum(amount int) {
    balance = balance + amount
}

func GetTotal() int {
    return balance
}

func main() {
    for i:=0;i<10;i++{
        Sum(i)
    }
    fmt.Println(GetTotal())
}
```

输出如下:

```
45
```

上面的代码会串行执行调用 Sum 函数和 GetTotal 函数,并且都可以得到正确的结果,即 Balance 会输出之前所有数字的累加和。

如果 Sum 函数是并发执行的,那么结果会是什么呢?

```
func main() {
    for i:=0;i<10;i++{
        go Sum(i)
    }
    fmt.Println(GetTotal())
}
```

执行多次,结果分别是:21、15、28、22 和 5。

我们使用了 10 个 goroutine,分别对共享变量 balance 进行求和操作,但是结果都不正确。这就是并发带来的不确定性。读者在执行同样的代码时,得到的结果可能不一样,这种情况也称为数据竞态,一般发生在 2 个或多个 goroutine 并发读写同一个变量时。

下面三种方法可以避免发生竞态。

（1）数据初始化后不做任何修改。比如 map 在 init 函数中初始化后，不做任何修改。代码如下：

```
var m map[string] int

func init() {
    m:=make(map[string]int)
    m["红烧肉"]=88
    m["清蒸鱼"]=168
}
```

（2）避免通过多个 goroutine 访问同一个变量。可以通过 channel 实现，这也是 Go 语言推荐的："不要通过共享数据来通信，而是通过通信来共享数据。"

（3）互斥。允许多个 goroutine 访问同一个变量，但是同一时刻只有一个 goroutine 可以访问该变量。

## 11.2　sync.Mutex 与 sync.RWMutex

本节主要介绍三个问题：竞态条件、临界区和同步工具。sync 是 Go 语言自带标准库中一些比较核心的代码包。从字面上看，"sync"的中文意思是"同步"，下面就从同步工具讲起。

相比于 Go 语言所提倡的"用通信的方式共享数据"，似乎通过共享数据来通信的方式更加主流，毕竟大多数编程语言都是用这种方式作为并发编程的解决方案的。一旦数据被多个 goroutine 共享，那么很可能会产生竞态问题，破坏共享数据的一致性。

在并发编程中，如果不能保证数据的一致性，则势必会影响一些 goroutine 中代码和流程的正确执行，甚至会引发一些不可预知的错误。这种错误一般很难被发现和定位，排查成本也非常高，所以一定要尽量避免。

假设在缓冲区中有 4 个格子可以存放数据，如图 11-1 所示。

举个例子，同时有多个 goroutine 连续向同一个缓冲区写入数据块，如果没有一个机制去协调这些 goroutine 的写入操作，那么被写入的数据块很可能会出现错乱。比如，在第 1s 时，goroutine1 在写入第一个块上写入了数据；在第 2s 时，goroutine2 和 goroutine3 都在第二个块上写入了数据，至于谁先写成功，谁后写成功，其实并不重要，重要的是第二个块的数据已经是错误的了；接着第 3s 时，goroutine2 在第三个块上写入了数据。

图 11-1

显然，各个块中的数据会被混在一起，没有按照我们预想的顺序存储。这时就需要采用协调措施，让它们按照我们的预想存放数据，这种机制称为同步机制。同步机制的作用是：协调多个 goroutine，避免它们在同一时刻执行同一个代码块。

由于数据块和代码块代表着一种或多种资源，如存储资源、计算资源、I/O 资源、网络资源等，所以我们可以把它们看作共享资源。同步其实就是控制多个 goroutine 对共享资源进行访问。

当一个 goroutine 想要访问某个共享资源时，需要先申请对该资源的访问权限，并且只有在申请成功之后，才能访问。当 goroutine 对共享资源的访问结束时，它必须归还对该资源的访问权限，若要再次访问，则需要再次申请。

我们可以把访问权限想象成一把锁，一旦 goroutine 拿到了锁，它就可以进入指定的区域，从而访问资源。当 goroutine 想要离开这个区域时，就需要把锁还回去，绝不能把锁带走。在同一时刻，最多只能有一个 goroutine 进入这个区域去访问资源。此时，多个并发运行的 goroutine 对这个共享资源的访问是完全串行的。只要一个代码片段需要实现对共享资源的串行化访问，就可以被视为一个临界区（critical section），也就是说，必须进入这个区域才能访问资源。

写入数据块操作的代码共同组成了一个临界区。如果针对同一个共享资源有多个这样的代码片段，那么它们就可以被称为相关临界区。它们既可以是一个内含共享数据的结构体及其方法，也可以是操作同一块共享数据的多个函数。临界区总是需要受到保护的，否则就会出现竞态。为了保护共享数据，必须采用同步工具。

去餐馆就餐从本质上来说就是对桌、椅、厨师等共享资源的占用，如图 11-2 所示。

在 Go 语言中，最重要且最常用的同步工具是互斥量（mutex）。sync 包中的 mutex 就是与其对应的类型，该类型的值可以被称为互斥量或者互斥锁。

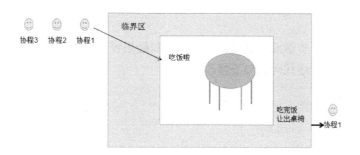

图 11-2

1. 互斥锁

一个互斥锁可以用来保护一个临界区或者一组相关临界区。我们通过它来保证在同一时刻只有一个 goroutine 处于该临界区内。

为了保护共享资源，每当有 goroutine 想要进入临界区时，都需要先对互斥锁进行锁定，并且在每个 goroutine 离开临界区时，都要及时地对它进行解锁。锁定操作可以通过调用互斥锁的 Lock 方法实现，而解锁操作可以通过调用互斥锁的 Unlock 方法实现。

下面看看没有锁的代码，执行后会发生什么：

```
func GetSeatNoLock(name string) {
    fmt.Println(name + " 已经抢到位置。")
    time.Sleep(1 * time.Second)
    fmt.Println(name + " 已经离开。")
}

func main() {
    s := []string{"老张", "老王", "老李"}
    for i := 0; i < len(s); i++ {
        go GetSeatNoLock(s[i])
    }
    time.Sleep(5 * time.Second)
}
```

输出如下：

```
老张 已经抢到位置。
老李 已经抢到位置。
老王 已经抢到位置。
老王 已经离开。
老张 已经离开。
```

老李 已经离开。

由此可以看出,共享资源没有被保护,进而导致结果错乱,这并不是我们想要的结果。下面使用 mutex 加锁,对上述代码做如下修改:

```
var m sync.Mutex

func GetSeat(name string) {
    m.Lock()
    defer m.Unlock()
    fmt.Println(name + " 已经抢到位置。")
    time.Sleep(1 * time.Second)
    fmt.Println(name + " 已经离开。")
}
```

再次执行程序,输出如下:

```
老张 已经抢到位置。
老张 已经离开。
老李 已经抢到位置。
老李 已经离开。
老王 已经抢到位置。
老王 已经离开。
```

在增加了互斥锁之后可以看到,每个 goroutine 都是在执行且离开后,其他 goroutine 再继续执行的。

在使用了互斥锁之后,要注意以下四个问题:

(1)不要重复锁定互斥锁;

(2)不要忘记解锁互斥锁,可以使用 defer 语句;

(3)不要对尚未锁定或者已解锁的互斥锁解锁;

(4)不要在多个函数之间直接传递互斥锁。

首先,把互斥锁看作针对某一个临界区或某一组相关临界区的唯一访问令牌。

如果用同一个互斥锁保护多个无关的临界区,那么一定会让开发难度加大,程序代码变得很复杂。对一个已经被锁定的互斥锁进行锁定,是会立即阻塞当前 goroutine 的。这个 goroutine 所执行的流程,会一直停滞在调用该互斥锁的 Lock 方法的那行代码上,直到该互斥锁调用 Unlock 方法,并且这里的锁定操作成功完成后,后续的代码(临界区中的代码)才会开始执行。这也正是互斥锁能够保护临界区的原因。

一旦把一个互斥锁同时用在多个地方，那么必然会有更多的 goroutine 来争用这把锁。这不仅会让程序变慢，还会增加死锁（deadlock）的风险。

死锁，指的是当前程序中的主 goroutine，以及我们启用的那些 goroutine 都已经被阻塞（这些 goroutine 被统称为用户级的 goroutine），相当于整个程序都已经停滞不前了。

在 Go 语言运行时，只要系统发现所有的用户级 goroutine 都处于等待状态，就会自行抛出一个带有如下信息的 panic：

```
fatal error: all goroutines are asleep - deadlock!
```

这种由 Go 语言运行时系统自行抛出的 panic 都属于致命错误，是无法被恢复的，即便调用 recover 函数也起不到任何作用。也就是说，一旦产生死锁，程序必然崩溃，因此一定要尽量避免这种情况的发生。最简单、有效的方式就是让每一个互斥锁都只保护一个临界区或一组相关临界区。

在这个前提下，我们还需要注意，对于同一个 goroutine 而言，既不要重复锁定一个互斥锁，也不要忘记对它进行解锁。

如果一个 goroutine 对某一个互斥锁重复锁定，就意味着它自己锁死了自己。这种做法本身就是错误的。在这种情况下，想让其他的 goroutine 来帮它解锁是非常难以保证其正确性的。

解锁互斥锁的一个很重要的原因是：避免重复锁定。

因为在一个 goroutine 的执行流程中，可能会出现"锁定、解锁、再锁定、再解锁"的操作，如果忘记了中间的解锁操作，那么一定会造成重复锁定。

除此之外，忘记解锁还会使其他的 goroutine 无法进入该互斥锁保护的临界区，进而导致一些程序功能失效，甚至会造成死锁和程序崩溃。

很多时候，一个函数执行的流程并不是单一的，流程中间可能会有分叉，也可能会被中断。如果一个流程在锁定了某个互斥锁之后分叉了，或者有被中断的可能，那么就应该使用 defer 语句对它进行解锁，而且这样的 defer 语句应该紧跟在锁定操作之后，这是最可靠的一种做法。忘记解锁导致的问题是很隐蔽的，很难一眼就看出来，这也是需要特别关注忘记解锁的原因。相比之下，解锁未锁定的互斥锁会立即引发 panic，并且与死锁导致的 panic 一样，它们是无法被恢复的。因此，对于每一个锁定操作，都要有且只有一个对应的解锁操作，并且让它们成对出现。这也是互斥锁的一个很重要的使用原则。很多时候，利用 defer 语句进行解锁可以很容易做到这一点。

Go 语言中的互斥锁是开箱即用的。在前文的代码中，一旦声明了一个 sync.Mutex 类型的变量，就可以直接使用它了。

需要注意的是，该类型是一个结构体类型，属于值类型中的一种。把它传给一个函数、让它从函数中返回、把它赋给其他变量，或是让它进入某个通道都会导致它产生副本。并且原值和它的副本，以及多个副本之间是完全独立的，它们都是不同的互斥锁。

如果把一个互斥锁作为参数值传给了一个函数，那么在这个函数中对传入的锁的所有操作，都不会对存在于该函数之外的那个原锁产生影响。

### 2. 读写锁

读写锁是读/写互斥锁的简称。在 Go 语言中，读写锁由 sync.RWMutex 类型的值代表。与 sync.Mutex 类型一样，这个类型也是开箱即用的。

读写锁是把对共享资源的操作分为"读操作"和"写操作"两种。与互斥锁相比，读写锁可以实现更加细腻的访问控制。

在一个读写锁中实际上包含了两个锁，即读锁和写锁。sync.RWMutex 类型中的 Lock 方法和 Unlock 方法分别用于对写锁进行锁定和解锁，而它的 RLock 方法和 RUnlock 方法则分别用于对读锁进行锁定和解锁。

另外，对于同一个读写锁来说有如下规则：

（1）在写锁已被锁定的情况下再试图锁定写锁，会阻塞当前的 goroutine。

（2）在写锁已被锁定的情况下试图锁定读锁，也会阻塞当前的 goroutine。

（3）在读锁已被锁定的情况下试图锁定写锁，同样会阻塞当前的 goroutine。

（4）在读锁已被锁定的情况下再试图锁定读锁，并不会阻塞当前的 goroutine。

对于某个受到读写锁保护的共享资源，既不能对它同时进行多个写操作，也不能同时对它进行写操作和读操作，但可以对它同时进行多个读操作。我们需要让每一把锁都只保护一个临界区，或者一组相关临界区，并以此尽量减少误用的可能性。不能同时进行的操作称为互斥操作。

对写锁进行解锁，会唤醒"所有因试图锁定读锁，而被阻塞的 goroutine"，并且，这通常会使它们都成功完成对读锁的锁定。然而，对读锁进行解锁，只会在没有其他读锁锁定的前提下,唤醒"因试图锁定写锁,而被阻塞的 goroutine";并且,最终只有一个被唤醒的 goroutine 能够成功完成对写锁的锁定,其他的 goroutine 还要在原处继续等待。

与互斥锁类似,解锁"读写锁中未被锁定的写锁",会立即引发 panic,对于其中的读锁也是如此,并且同样是不可恢复的。

总之,读写锁与互斥锁不同,因为它把对共享资源的写操作和读操作区别对待了。

下面看一下读写锁的代码:

```go
var m sync.RWMutex

func GetSeat(name string) {
    m.Lock()
    defer m.Unlock()
    fmt.Println(name + " 已经抢到位置。")
    time.Sleep(1 * time.Second)
    fmt.Println(name + " 已经离开。")
}

func CheckSeat(name string){
    m.RLock()
    defer m.RUnlock()
    fmt.Println(name + " 查看位置。")
    time.Sleep(1 * time.Second)
}

func main() {
    s := []string{"老张", "老王", "老李"}
    for i := 0; i < len(s); i++ {
        go CheckSeat(s[i])
        go GetSeat(s[i])
    }
    time.Sleep(8 * time.Second)
}
```

输出如下:

老张 查看位置。
老王 查看位置。
老李 已经抢到位置。
老李 已经离开。

老李 查看位置。
老王 已经抢到位置。
老王 已经离开。
老张 已经抢到位置。
老张 已经离开。

读写锁与互斥锁的区别如下。

互斥锁：对于资源来说，同一时刻只能有一个 goroutine 持有这个资源。

读写锁：对于写数据，必须是同一时刻只能有一个 goroutine 持有资源，但是如果只是读数据，那么大家可以一起读。它的优势是并发效率高。

## 11.3 条件变量

条件变量（sync.Cond）是用于协调想要访问共享资源的那些 goroutine 的。当共享资源的状态发生变化时，可以用它来通知被互斥锁阻塞的 goroutine。

条件变量提供了三个方法：等待通知（wait）、单一通知（signal）和广播通知（broadcast）。当利用条件变量等待通知时，需要在它基于的互斥锁保护下进行，并且需要在对应的互斥锁解锁之后再做通知或广播操作。

代码如下：

```
var mailbox uint8      //①
var lock sync.RWMutex    //②
sendCond := sync.NewCond(&lock)       //③
recvCond := sync.NewCond(lock.RLocker())

var buySth string      //④
var box sync.RWMutex    //⑤
sendCond := sync.NewCond(&box)
recvCond := sync.NewCond(box.RLocker())
```

说明：

①声明 mailbox 变量，代表快递柜。

②声明读写锁变量 lock。

③声明 sendCond 和 recvCond 条件变量。

④变量 buySth 代表我们网购的货物,是 string 类型的。若它的值为空,则表示快递柜中没有货物。当它的值为"已投递"时,说明快递柜中有货物。

⑤box 是一个类型为 sync.RWMutex 的变量,是一个读写锁,也可以被视为快递柜上的那把锁。

基于这把锁,我们还创建了两个代表条件变量的变量,名字分别叫 sendCond 和 recvCond。它们都是*sync.Cond 类型的,同时也都是由 sync.NewCond 函数来初始化的。与 sync.Mutex 类型和 sync.RWMutex 类型不同,sync.Cond 类型并不是开箱即用的,它只能利用 sync.NewCond 函数创建它的指针值。这个函数需要一个 sync.Locker 类型的参数值。

条件变量是基于互斥锁的,它必须和互斥锁配合才能起作用。因此,这里的参数值是必填的。

sync.Locker 是一个接口,在它的声明中只包含了两个方法定义,即 Lock 方法和 Unlock 方法。sync.Mutex 类型和 sync.RWMutex 类型都拥有 Lock 方法和 Unlock 方法。

在为 sendCond 变量做初始化时,把基于 lock 变量的指针值传给了 sync.NewCond 函数。

原因是,lock 变量的 Lock 方法和 Unlock 方法分别用于对其中的写锁进行锁定和解锁。

- sendCond 是为了能对共享资源进行写操作。
- recvCond 是为了能对共享资源进行读操作。

我们可以把取快递看作对共享资源的读操作。

为了初始化 recvCond 这个条件变量,我们需要的是 lock 变量中的读锁,并且要求它是 sync.Locker 类型的。

但是 lock 变量中对读锁进行锁定和解锁的方法是 RLock 和 RUnlock,它们与 sync.Locker 接口中定义的方法并不匹配。sync.RWMutex 类型的 RLock 方法可以满足,只需在调用 sync.NewCond 函数时,传入调用表达式 lock.RLocker 的值,就可以使该函数返回符合要求的条件变量了。

实际上,这个值所拥有的 Lock 方法和 Unlock 方法,在其内部会分别调用 lock 变量的 RLock 方法和 RUnlock 方法。也就是说,前两个方法仅仅是后两个方法的代理而已。

至此我们有四个变量,分别是代表货物的 buySth、代表快递柜的 box,以及 sendCond 和 recvCond。

现在是一个 goroutine，快递小哥要向快递柜里放置货物并通知你：

```
box.Lock() //①
for buySth == "已投递" { //②
    sendCond.Wait()
}
buySth = "已投递" //③
box.Unlock()
recvCond.Signal() //④
```

说明：

①Lock 方法在这里的含义是：持有快递柜上的锁，并且有打开快递柜的权力，而不是锁上这个锁。

②检查货物变量的值是否等于"已投递"，也就是说，要看看快递柜里是不是有货物。如果有货物，那么就等待。

③如果快递柜里没有货物，那么就把这次的货物放进去，对应的代码是 buySth="已投递"和 lock.Unlock()。

④recvCond 的 Signal 方法通知另一个 goroutine。

另一边，现在是另一个 goroutine，投递后，然后通知我：

```
lock.RLock()
    for buySth == "" {
        recvCond.Wait()
}
buySth = ""
fmt.Println("货物已经取走")
lock.RUnlock()
sendCond.Signal()
```

说明：

流程和前面的基本一致，只是每步操作的对象不同。这里需要调用的是 lock 变量的 RLock 方法。因为要进行的是读操作，并且会使用 recvCond 变量。recvCond 变量与 lock 变量的读锁是对应的。如果快递柜里有货物，就取走货物。对应的代码是 box = " "和 lock.RUnlock()。

以上就是对快递投放的代码实现。

只要条件不满足，就会调用 sendCond 变量的 Wait 方法去等待通知，只有在收到通知之后才会再次检查。

**条件变量的基本使用规则**

当需要通知时，会调用 recvCond 变量的 Signal 方法。这里使用这两个条件变量的方式正好与前面相反。利用条件变量可以实现单向通知，而双向通知则需要两个条件变量。

完整代码请参看本书源代码 Chapter11。

## 11.4 原子操作

程序是被并行执行的，每个程序都会执行一段时间，然后停下来，让别的程序继续执行。计算机中最小的操作就是原子操作。原子操作是指不可以被分割的操作，中间不能停顿。

Go 语言运行时系统中的调度器会安排程序中所有 goroutine 的运行，不过，在同一时刻，只有少数的 goroutine 处于运行状态，并且这个数量与 M 的数量一致，不会随着 G 的增多而增多。所以，调度器总是会快速地切换这些 goroutine。切换指的是，让一个 goroutine 由非运行状态转为运行状态，并促使其中的代码在某个 CPU 上执行。

当一个 goroutine 中的代码中断执行时，它就由运行状态转为非运行状态。在临界区之内也是如此。因而，互斥锁虽然可以保证临界区中的代码串行执行，但不能保证这些代码执行的原子性。

**1. 原子操作**

优点：可以完全地消除竞态条件，能够绝对地保证并发安全性，并且执行速度比同步工具快，通常会高出数个数量级。

缺点：因为原子操作不能被中断，所以它需要足够简单，并且运行速度要快。

如果程序中使用了原子操作，一直完不成，而又不会被中断，则会极大地影响 CPU 的效率。因此，操作系统只对二进制数和整数的原子操作提供支持。

Go 语言的原子操作是基于 CPU 和操作系统的，所以它只针对少数数据类型的值提供了原子操作函数。这些函数都存储在标准库代码 sync.atomic 包中。在 sync.atomic 包中，可以做原子操作的函数有：加法（add）、比较并交换（compare and swap，CAS）、加载（load）、存储（store）和交换（swap）。

这些函数针对的数据类型并不多，但是，对这些类型中的每一个，sync.atomic 包都有一套函数给予支持。这些数据类型有：int32、int64、uint32、uint64、uintptr 和 unsafe.Pointer。不过，针对 unsafe.Pointer 类型，该包并未提供进行原子加法操作的函数。

下面看一下这些方法的源代码。

源代码[1]：

[1] func AddUint64(addr *uint64, delta uint64) (new uint64)

如果 delta 这个值是正数，就是加法操作；如果 delta 这个值是负数，就是减法操作。

```
var num1 uint64
    atomic.AddUint64(&num1,70)   //①
    fmt.Println(num1)
atomic.AddUint64(&num1, ^uint64(23))   //②
fmt.Println(num1)
```

输出如下：

```
70
46
```

说明：

①第一个参数必须是指针。

②在 uint 类型中可以使用^uint64(0)的方式达到减法的效果。

源代码[2]：

[2] func CompareAndSwapUint64(addr *uint64, old, new uint64) (swapped bool)

如果 addr 和 old 相同，就用 new 代替 addr，并返回 bool 类型的结果。

```
var num2 uint64
num2 = 5
ok := atomic.CompareAndSwapUint64(&num2,5, 50)   //①
fmt.Println(ok)
fmt.Println(num2)
ok = atomic.CompareAndSwapUint64(&num2,40, 50)   //②
fmt.Println(ok)
fmt.Println(num2)
```

输出如下：

```
true
50
false
50
```

说明：

①CompareAndSwapUint64 可接收三个参数，第一个参数为需要替换值的指针，第二个参数为旧值，第三个参数为新值。

当指针指向的值和传递的旧值相等时，指针指向的值会被替换。

②当指针指向的值与传递的旧值不相等时，则返回 false。在并发情况下，如果一个写操作未完成，有一个读操作就已经发生了，这时的读操作是我们不希望发生的。为了"原子"地读取某个值，sync.atomic 包提供了一系列的函数。这些函数都以"Load"为前缀。

```
func LoadUint64(addr *uint64) (val uint64)

var num3 uint64
num3 = 10
num := atomic.LoadUint64(&num3)  ①
fmt.Println(num)
```

输出如下：

```
10
```

说明：

①LoadUint64 函数接收一个指针类型，返回指针指向的值。

与读操作对应的是写操作，sync.atomic 包同样提供了与原子的值载入函数相对应的原子函数。这些函数的名称均以"Store"为前缀：

```
func SwapUint64(addr *uint64, new uint64) (old uint64)

var num4 uint64
num4 = 1
atomic.StoreUint64(&num4, 28)  //①
fmt.Println(num4)
```

输出如下：

```
28
```

说明：

①Store 函数接收一个指针类型和一个值，函数会把值赋到指针地址中。

源代码[3]

[3] `func SwapInt32(addr *int32, new int32) (old int32)`

原子交换操作，这类函数的名称都以"Swap"为前缀。与 CAS 不同，交换操作直接赋予指针新值，并且返回旧值，不管值是什么：

```
var num5 uint64
num5 = 1
old := atomic.SwapUint64(&num5, 23) //①
fmt.Println("old:",old,"new:",num5)
```

输出如下：

```
old: 1 new: 23
```

说明：

①Swap 接收一个指针和一个值。函数会把值赋给指针，并返回旧值。

## 11.5 WaitGroup 类型与 Once 类型

在日常生活中，当几个人去吃饭时，总有先到的人和后到的人，一般是等大家都到齐了，再点菜。这个问题在程序中也是存在的，多个协程各自执行任务，但是在某一时刻，需要其他协程的结果，要么其他协程已执行完，可以直接拿到结果；要么其他协程还没有执行完，需要等待。

### 1. WaitGroup 类型

sync 包的 WaitGroup 类型是并发安全的，它有三个指针方法：Add、Done 和 Wait。可以想象该类型中有一个计数器，它的默认值是 0。我们可以通过调用该类型值的 Add 方法来增加这个计数器的值。这个方法会记录需要等待的 goroutine 的数量。它比 channel 更适合实现一对多的 goroutine 协作流程。

Done 方法用来对其所属值中计数器的值进行减一操作。我们可以在需要等待的 goroutine 中通过 defer 语句调用它。

Wait 方法的功能是阻塞当前的 goroutine，直到其所属值中的计数器归零。如果在该方法被调用时计数器的值就是 0，那么它不会做任何事情。在使用 WaitGroup 值时，最佳实践如下：

（1）确定要运行任务的总数量，使用 Add 方法给计数器添加一个数量。可以每次 Add(1)，也可以每次 Add(10)。

（2）在每个任务完成之后运行 Done 方法，计数器会减 1。

（3）Wait 方法一直阻塞，直到 wg 为 0 为止，此时所有任务运行完毕。

```go
var wg sync.WaitGroup
fmt.Println("可以点菜了吗？")

wg.Add(1)
go func() {
    defer wg.Done()
    fmt.Println("老张还没到")
    time.Sleep(1*time.Second)
    fmt.Println("老张到了")
}()

wg.Add(1)
go func() {
    defer wg.Done()
    fmt.Println("老王还没到")
    time.Sleep(500*time.Millisecond)
    fmt.Println("老王到了")
}()

fmt.Println("等所有人到齐 ")
wg.Wait()
fmt.Println("所有人到齐了，可以点菜了！")
```

输出如下：

```
可以点菜了吗？
等所有人到齐
老王还没到
老张还没到
```

老王到了
老张到了
所有人到齐了,可以点菜了!

### 2. Once 类型

在程序设计中,有些时候是要做初始化操作的,那就是在程序启动时执行一次操作,其他时候,就没必要再去做了。sync 包的 Once 类型中的 Do 方法可以帮助我们完成初始化任务。sync 包的 Once 类型同样是开箱即用和并发安全的。Once 类型中的 Do 方法只接收一个参数,这个参数的类型必须是 func(),即无参数声明和结果声明的函数。该方法的功能并不是对每一种参数函数都只执行一次,而是只执行"首次被调用时传入的"那个函数,并且之后不再执行任何参数函数。

如果有多个只需要执行一次的函数,则可以给每一个函数都分配一个 sync.Once 类型的值。

下面在 var wg sync.WaitGroup 前面加入如下代码:

```
var once sync.Once
    for i:=0;i<5;i++{
        once.Do(func() {
            fmt.Println("春节快乐。")
    })
}
```

输出如下:

春节快乐。

虽然循环了 5 次,但是只输出了一次:

春节快乐。

## 11.6 context.Context 类型

context.Context 类型(以下简称 Context 类型)是在 Go 1.7 发布时才被加入标准库的。它还有一些扩展,如 os/exec 包、net 包、database/sql 包,等等。

Context 类型代表上下文的值,并且是并发安全的,可以被传播给多个 goroutine。Context 类型是一个接口,代码如下:

```
type Context interface {
Deadline() (deadline time.Time, ok bool)   //①
Done() <-chan struct{}   //②
Err() error   //③
Value(key interface{}) interface{}   //④
}
```

说明:

①返回一个 time.Time，表示当前 Context 类型的结束的时间，ok 表示是否有 deadline。

②返回一个 struct{}类型的只读 channel。

③返回 Context 类型被取消的原因。

④Context 类型是协程安全的。

所有的 context 值构成了一棵代表了上下文全貌的树形结构。这棵树的根节点是一个已经在 context 包中预定义好的 context 值，是全局唯一的。通过调用 context.Background 函数，可以得到 context 值。它既不可以被撤销，也不能携带任何数据。除此之外，context 包中还有四个包含 context 值的函数，即 WithCancel 函数、WithDeadline 函数、WithTimeout 函数和 WithValue 函数。

源代码如下。

源代码[1]:

**[1] func WithCancel(parent Context) (ctx Context, cancel CancelFunc)**

WithCancel 函数可返回 parent 的副本和一个新的 Done channel。当 cancel 函数被调用时，或者 Done channel 被关闭时会释放相关的资源，所以当业务代码完成时，应该尽快调用 cancel 函数。

```
func main() {
    Free()
}

func Free() {
    fmt.Println("如果今天有过生日的人，会说出一个数字，这个数字如果和我们的一致，则这顿饭免单")
    secret := rand.Intn(100)
    ctx, cancelFunc := context.WithCancel(context.Background())   //①
    for i := 1; i <= 3; i++ {   //②
```

```go
        var num int32
        r := rand.Intn(100)
        num = int32(r)
        fmt.Printf("我猜的数字是：%d\n", num)

        go choose(func() {
            if atomic.LoadInt32(&num) == int32(secret) {
                fmt.Println("猜对了,给您免单")
                cancelFunc()
            }
        })
    }
    go func() {
        select {
        case <-ctx.Done():
        }
    }()
    time.Sleep(3*time.Second)
    fmt.Println("答案是" + strconv.Itoa(secret))
    fmt.Println("感谢光临，聚餐结束。")
}

func choose(deferFunc func()) {
    defer func() {
        deferFunc()
    }()
    time.Sleep(time.Second * 2)
}
```

说明：

①调用了 context.Background 函数和 context.WithCancel 函数，并得到了一个可撤销的 context 值（由 ctx 变量代表），以及一个 context.CancelFunc 类型的撤销函数（由 cancelFunc 变量代表）。

②在每次迭代中都通过一条 Go 语句异步调用 choose 函数，调用的总数为 3 次。

注意：这里提供给 choose 函数的参数值是一个匿名函数，如果我们猜的数字和对方的数字相等，那么就调用 cancelFunc 函数。其含义是，如果所有的 choose 函数都执行完毕，则立即通知分发子任务的 goroutine。这里分发子任务的 goroutine 即为执行 Free 函数的

goroutine。它在执行完 for 语句后，会立即调用 cxt 变量的 Done 函数，并试图针对该函数返回的 channel 进行接收操作。一旦 cancelFunc 函数被调用，针对该 channel 的接收操作会马上结束。

源代码[2]：

**[2] func WithDeadline(parent Context, d time.Time) (Context, CancelFunc)**

WithDeadline 函数返回 parent 的副本，类型是 timeCtx（或 cancelCtx），并设置一个不晚于参数 d 的截止时间。如果晚于截止时间，则以 parent 的截止时间为准。当 parent 的截止时间到了时，timeCtx 就会被取消。

如果当前时间已超过截止时间，则直接返回一个已经被取消的 timeCtx，否则启动一个定时器，到截止时间后再取消这个 timeCtx。

下面看一下代码：

```
func main() {
    d := time.Now().Add(100 * time.Millisecond)
    ctx, cancel := context.WithDeadline(context.Background(), d)

    defer cancel()

    select {
    case <-time.After(1 * time.Second):
        fmt.Println("overslept")
    case <-ctx.Done():
        fmt.Println(ctx.Err())  //①
    }
}
```

输出如下：

```
context deadline exceeded。
```

说明：

①当程序运行时，d 是在当前时间基础之上增加 100 万秒，ctx 变量是基于 d 创建的，select.ctx 的 Done 方法会优先执行完成，最终 Err 方法返回退出的原因。

源代码 [3]：

**[3] func WithTimeout(parent Context, timeout time.Duration) (Context, CancelFunc)**

WithTimeout 相当于调用 WithDeadline(parent, time.Now().Add(timeout))，例如：

```go
ctx, cancel := context.WithTimeout(context.Background(), 100*time.Millisecond)
defer cancel()

select {
case <-time.After(1 * time.Second):
    fmt.Println("overslept")
case <-ctx.Done():
    fmt.Println(ctx.Err()) // prints "context deadline exceeded"
}
```

输出如下：

```
context deadline exceeded
```

源代码 [4]：

**[4] func WithValue(parent Context, key, val interface{}) Context**

WithValue 函数返回 parent 的备份，并且 key 对应的值是 value，代码如下：

```go
f := func(ctx context.Context, k string) {
    if v := ctx.Value(k); v != nil {
        fmt.Println("找到了:", v)
        return
    }
    fmt.Println("没找到:", k)
}

k := "language"
ctx := context.WithValue(context.Background(), k, "Go")

f(ctx, k)
f(ctx, "color")
```

输出如下：

```
找到了: Go
没找到: color
```

## 11.7 小结

本章讨论了传统并发程序的问题，并使用一个吃饭占座的例子，讲解了在资源共享时，要保证资源的安全。

当多个协程访问同一个对象时，如果既不用考虑这些协程在运行时环境下的调度和交替执行，也不用进行额外的同步，或者在调用方进行任何其他操作，并且调用这个对象的行为都可以获得正确的结果，那么这个对象就是安全的。

协程安全问题大多是由全局变量（共享变量）引起的，局部变量逃逸也可能引发协程安全问题。

若在每个协程中对全局变量、静态变量只有读操作，没有写操作，一般来说，这个全局变量是协程安全的。若有多个协程同时执行写操作，则需要考虑协程同步，否则就可能影响协程安全。

互斥锁可用来保证共享数据操作的完整性。它可以保证在同一时刻，只有一个 goroutine 可以访问共享资源。

读写锁实际上是一种特殊的自旋锁，它把对共享资源的操作分为读和写两种。

- 读：只对共享资源进行读访问。
- 写：需要对共享资源进行写操作。

条件变量本身不是锁，但是需要经常和锁结合使用。建议熟练掌握以下三个方法：

（1）wait()；
（2）signal()；
（3）broadcast()。

WaitGroup 类型用来等待一组 goroutine 的结束。父 goroutine 调用 Add 方法来设定应等待的线程的数量。每个被等待的线程在结束时应调用 Done 方法。同时，在主线程里可以调用 Wait 方法阻塞至所有线程结束。

sync 包的 Once 类型可以控制函数只能被调用一次，不能被多次重复调用。

context 包不仅实现了在程序单元之间共享状态变量的方法，还可以通过简单的方法，使我们在被调用程序单元的外部，通过设置 ctx 变量值，将过期或撤销信号传递给被调用的程序单元，这种方法在微服务中经常使用。

# 第 12 章

# 包管理

## 12.1 go mod

go mod 是官方推荐的 Go 语言包管理工具。它是在 Go1.11 引入的，用来解决依赖包中具体版本的问题，方便依赖包的管理。

go mod 和传统的 GOPATH 不同，不需要包含 src 和 bin 这样的子目录。在一个源代码目录中，甚至空目录都可以作为 Modules，只要其中包含 go.mod 文件即可。Modules 是相关 Go 包的集合，是源代码交换和版本控制的单元。

go mod 的使用方法如下：

（1）将 Go 版本升级至 1.11 以上；

（2）设置 GO111MODULE。

在 GO111MODULE 中有三个值：

（1）Off：不支持 module 功能。

（2）On：使用 module 功能，不会去 GOPATH 目录下查找。

（3）Auto：根据当前目录决定是否启用 module 功能。

- 如果当前目录在 GOPATH/SRC 之外且目录中包含 go.mod 文件，就使用 go mod 中的 require 的包。
- 如果当前项目在$GOPATH/src 中，则使用$GOPATH/src 的依赖包。
- 当前文件在包含 go.mod 文件的目录下面。

在使用 go mod 时需要添加代理，只需设置环境变量 GOPROXY=https://goproxy.io 即可。

## 12.2　go mod 中的命令

go mod 中的命令如下：

download：下载依赖包可以缓存到本地。

edit：编辑 go.mod。

graph：打印模块依赖图。

init：在当前目录初始化 mod。

tidy：拉取模块，不用的模块会被移除。

vendor：将依赖复制到 vendor 下。

verify：验证依赖的正确性。

Why：解释为什么要依赖。

除此之外，go mod 还提供了以下四个命令：

（1）module：指定包的名字。

（2）require：指定依赖项模块。

（3）replace：替换依赖项模块。

（4）exclude：忽略依赖项模块。

下面使用 go mod 创建一个 Go 项目：

（1）选择一个目录，不在 GOPATH/src 目录下。

（2）运行 go mod init 模块名，初始化模块。

笔者创建的 Go 项目如下，book-code 可以替换为你想要的名字：

```
go mod init book-code
```

在运行完成之后，会在当前目录下生成一个 go.mod 文件，这是关键文件，包管理都是通过这个文件进行管理的。go.mod 文件里的第一行声明为 module book-code。当导入时，格式为模块名+路径。

除 go.mod 文件外，还有一个 go.sum 文件，它包含特定模块版本内容的预期加密的哈希值。

使用 go.sum 文件可以保证这些模块在之后的下载检索与第一次下载是相同的，保证项目所有的模块不会出现意外更改。笔者建议把 go.mod 文件和 go.sum 文件都加入版本控制系统里。

go.mod 文件如下：

```
require (
github.com/dgrijalva/jwt-go v3.2.0+incompatible
github.com/fastly/go-utils v0.0.0-20180712184237-d95a45783239 // indirect
github.com/fsnotify/fsnotify v1.4.7
github.com/gin-gonic/gin v1.6.3
…
)
```

go.sum 文件如下：

```
github.com/gin-contrib/sse  v0.1.0
h1:Y/yl/+YNO8GZSjAhjMsSuLt29uWRFHdHYUb5lYOV9qE=
github.com/gin-contrib/sse  v0.1.0/go.mod
h1:RHrZQHXnP2xjPF+u1gW/2HnVO7nvIa9PG3Gm+fLHvGI=
github.com/gin-gonic/gin    v1.6.3
h1:ahKqKTFpO5KTPHxWZjEdPScmYaGtLo8Y4DMHoEsnp14=
github.com/gin-gonic/gin    v1.6.3/go.mod
h1:75u5sXoLsGZoRN5Sgbi1eraJ4GU3++wFwWzhwvtwp4M=
…
```

go.mod 文件会将第三方包下载到 $GOPATH/pkg/mod 路径下。

查看依赖关系的命令如下：

- go list -m all：显示依赖关系。
- go list -m -json all：显示详细依赖关系。

go get 命令的常用方法如下。

（1）go get 命令会自动下载并安装包，之后更新到 go.mod 文件中。

（2）go get package[@version]可下载并安装指定版本的包，当不指定 version 时，默认行为和 go get package@latest 相同。

（3）go get -u 可以更新 package 到最新版本。

（4）go get -u=patch 会升级到最新的修订版本，即会升级到最新的次要版本或者修订版本。例如在 a.b.c 中，c 是修订版本号，b 是次要版本号。

在运行 go get 命令时，如果版本有更改，那么 go.mod 文件也会更改。

如果由于未知的原因，无法下载 Golang.org 下的包，那么此时可以通过在 go.mod 文件中使用 replace 指令替换 GitHub 上的对应库。

```
Replace(
    Golang.org/x/crypto v0.0.0-2019…..=> github.com/golang/crypto
        v0.0.0-2019…
)
```

或者：

```
Replace Golang.org/x/crypto v0.0.0-2019… => github.com/golang/crypto v0.0.0-2019…
```

使用下面的命令可以清理 Modules 缓存：

```
go clean -modcache
```

## 12.3　小结

本章学习了 go mod 中相关命令的用法，利用 Go Modules 的特性，只需指定一个目录，就可以在硬盘的任意位置新建一个 Go 项目了。

# 第 13 章

# 测试

go test 命令是 Go 语言包的测试驱动程序,这些包根据某些约定组织在一起。在一个包目录中,以*_test.go 结尾的文件就是 go test 编译的目标。在*_test.go 文件中有三种函数:

(1) 功能测试函数。

以 Test 为前缀命名的函数,在参数列表中只有一个*testing.T 类型的参数声明。它可用来验证逻辑的正确性,并且输出 PASS 或 FAIL。

(2) 基准测试函数。

以 Benchmark 开头的函数,在其参数列表中只有一个*testing.B 类型的参数声明。它可用来测试某些操作的性能,输出操作的平均时间。

(3) 示例函数。

以 Example 开头的函数对参数列表没有强制规定。

在企业开发中，单元测试又叫作自测，是程序员自己需要做的自我检查的工作。

go test 命令执行的测试流程如下：

- 做准备工作。如检查源代码文件是否有效合法，指定的代码包是否有效等。
- 对每个测试代码包都用串行的方式进行构建，执行测试函数。
- 清理临时文件。
- 打印测试结果。

本章的源代码在 Chapter13/test1/op.go 文件中：

```
func Sum() int {
    total:=0
    for i:=0;i<10;i++{
        total+=i
    }
    return total
}
op_test.go

func TestSum(t *testing.T) {
    result:=Sum()
    fmt.Println(result)
    assert.Equal(t,result,45)
}
```

下面在 test1 目录下进行测试：

```
PASS
ok  book_final_code/Chapter13/test1    0.347s

PASS
ok  command-line-arguments    2.750s
```

说明：

第一行是运行的结果，PASS 代表测试通过。

第二行的结果分为三部分，最左边的 ok 表示此次测试成功，测试结果和测试预期一致。

如果要单独测试一个文件，则使用下面的命令：

```
go test -v op_test.go op.go
```

输出如下：

```
=== RUN   TestSum
--- PASS: TestSum (0.00s)
```

如果单独指定 go test -v op_test.go，则会出现如下错误提示：

```
# command-line-arguments [command-line-arguments.test]
./op_test.go:9:10: undefined: Sum
FAIL    command-line-arguments [build failed]
FAIL
```

go test 命令会缓存程序构建的结果，以便重用。使用 go env GOCACHE 命令可以查看缓存目录的路径。缓存的数据可反映出当时的各种源代码文件、构建环境、编译器选项等。一旦文件有任何变动，缓存数据就会失效，go 命令会再次执行操作。使用 go clean -cache 命令可以删除所有的缓存数据。在测试成功后，会缓存结果。运行 go clean -testcache 命令可以删除所有的测试结果缓存，但是不会删除任何构建结果缓存。

下面看看和测试预期不一致的情况：

```
func TestSum(t *testing.T) {
    result:=Sum()
    assert.Equal(t,result,40)
}


go test

op_test.go:10 45 does not equal 40
--- FAIL: TestSum (0.00s)
FAIL
exit status 1
FAIL book_final_code/Chapter13/test1        2.733s
```

提示第 10 行的结果为 45，不等于 40。

下面看看性能测试，增加性能测试代码：

```
func BenchmarkSum(b *testing.B) {
    for i:=0;i<100;i++{
        Sum()
    }
}
```

源代码在 Chapter13/test1/目录下，运行命令：

```
go test -bench=.
```

输出如下：

```
goos: darwin
goarch: amd64
pkg: book_final_code/Chapter13/test1
BenchmarkSum-8               //①
1000000000                   //②
0.000001 ns/op               //③
PASS
ok  book_final_code/Chapter13/test1 0.371s   //④
```

说明：

-bench=.表明这是一个性能测试。可以执行任意名称的性能测试函数，函数名称要符合 Go 程序测试的基本规则。

①BenchmarkSum-8。

- BenchmarkSum：代表执行这个测试函数。
- 8 代表测试的最大 P 数量。最大 P 数量相当于可以同时运行 goroutine 的逻辑 CPU 的最大数量。这里的逻辑 CPU 也可以被称为 CPU 核心，但它并不等同于计算机中真正的 CPU 核心，只是 Go 语言运行时系统内部的一个概念，代表着它同时运行 goroutine 的能力。另外，一台计算机中 CPU 核心数量越多，意味着它在同一时刻能执行的程序指令数越多，代表着它并行处理程序指令的能力。

②被测试函数的实际执行次数。

③表明单次执行 BenchmarkSum 函数的平均耗时为 0.000001ns。

④测试总耗时。

## 小结

在日常工作中，测试对于程序的稳定性和健壮性都很有帮助。一个开发人员要为自己的代码负责，最好的方式就是为每一个功能编写单元测试。在此基础上，进行性能测试，只有这样，代码才能在生产环境中经得起考验。

# 第 14 章 反射

## 14.1 反射简介

Go 语言提供了一种机制,在程序运行时可以查看值和调用方法,以及直接对它们进行操作,这种机制被称为反射(Reflection)。反射提供了以下两种类型:

(1) Reflect.Type。

表示一个类型,它是一个有很多方法的接口,这些方法可以用来在运行时识别类型及类型的组成。该接口只有一个实现——类型描述符,接口值中的动态类型也是类型描述符。

(2) Reflect.Value。

可以包含任意类型的值。

## 14.2 动态调用无参方法

动态调用无参方法的代码如下：

```go
type T struct {}

func main() {
    name := "GoodDinner"
    t := &T{}    //①
    reflect.ValueOf(t).MethodByName(name).Call(nil) //②
}
func (t *T) GoodDinner() {   //③
    fmt.Println("吃顿好的。")
}
```

输出如下

吃顿好的。

说明：

①声明一个 T 类型的指针类型变量，因为在③处的方法调用中需要的是一个指针类型的方法。

②reflect.ValueOf(t)表示返回一个 T 类型的实际值，MethodByName 方法是注册以后要动态调用的方法，之后通过 Call 方法调用。

③T 指针类型的方法，也是反射动态调用的具体方法。

## 14.3 动态调用有参方法

动态调用有参方法的代码如下：

```go
type T struct{}

func main() {
    name := "GoodDinner"
    t := &T{}    //①
    param1 := reflect.ValueOf(666)  //②
```

```
        param2 := reflect.ValueOf("红烧肉")  //③
        params := []reflect.Value{param1, param2}   //④
        reflect.ValueOf(t).MethodByName(name).Call(params) //⑤
}

func (t *T) GoodDinner(a int, b string) { //⑥
        fmt.Println("吃顿好的, " + b, a)
}
```

输出如下:

吃顿好的，红烧肉 666

说明:

①声明 T 类型的指针变量。

②和③获取 reflect.Value 类型的值。

④组合参数，对应⑥处的参数列表。

⑤在调用方法时，把参数切片 params 传递进去。

⑥参数列表。

## 14.4 动态 struct tag 解析

动态 struct tag 解析的示例代码如下:

```
type Person struct {  //①

    Age   int    `json:"name" test:"testname"`
    Name  string `json:"age" test:"testage"`
}

func main() {
    p := Person{ //②
        Age: 23,
        Name: "小明",
    }
    refType := reflect.TypeOf(p)
    for i := 0; i < refType.NumField(); i++ {  //③
```

```go
        field := refType.Field(i)     //④
        if jsonItem, ok := field.Tag.Lookup("json"); ok { //⑤
            fmt.Println(jsonItem)
        }
        testItem := field.Tag.Get("test")
        fmt.Println(testItem)
    }
}
```

输出如下：

```
name
testname
age
testage
```

说明：

①声明结构体。

②声明 Person 类型的变量。

③通过 NumField()获取 Person 类型中成员的数量。

④通过 refType.Field(i)获取 Person 类型中的第 i 个字段。

⑤查找字段中指定名称的 Tag。

## 14.5 对类型进行转换和赋值

在日常开发中，当用户查询数据后，服务端需要把相关数据返回给前端页面，但并不需要把所有的字段信息都返回，这时就需要定义一个新的类型，过滤掉一些不需要的字段信息。下面演示如何对类型进行转换和赋值：

```go
type Person struct {
    Age int     `json:"NewAge"`
    Name string `json:"NewName"`
}

type newPerson struct {
    NewAge int
    NewName string
```

```go
}

func main() {
    t := Person{ //①
        Age: 23,
        Name: "小明",
    }
    refType := reflect.TypeOf(t)  //②

    refValue := reflect.ValueOf(t)  //③


    newPerson := &newPerson{}  //④
    newValue := reflect.ValueOf(newPerson)

    for i := 0; i < refType.NumField(); i++ {
        field := refType.Field(i)
        newTag := field.Tag.Get("json")
        tValue := refValue.Field(i)
        newValue.Elem().FieldByName(newTag).Set(tValue)  //⑤
    }
    fmt.Println(newPerson)
}
```

输出如下：

&{23 小明}

说明赋值已经成功。

说明：

①声明 Person 类型的变量。

②获取变量 t 的类型。

③获取变量 t 的值。

④创建待赋值的变量。

⑤通过 newValue.Elem()获取 newValue 的指针类型，FieldByName 返回执行 tag 名称的字段。Set(tValue)表示给 t 赋值。

## 14.6 使用 Kind 与 switch 处理不同分支

使用 Kind 与 switch 处理不同分支的代码如下：

```
func main() {
    v := "红烧肉"
    t := reflect.TypeOf(v)
    switch t.Kind() {
    case reflect.Int:
        fmt.Println("int")
    case reflect.String:
        fmt.Println("string")
    }
}
```

输出如下：

```
String
```

即 Kind 方法返回指定的 Kind。

Kind 在 reflect/type.go 下：

```
type Kind uint

const (
    Invalid Kind = iota
    Bool
    Int
    Int8
    Int16
    Int32
    Int64
    Uint
    Uint8
    Uint16
    Uint32
    Uint64
    Uintptr
    Float32
    Float64
```

```
    Complex64
    Complex128
    Array
    Chan
    Func
    Interface
    Map
    Ptr
    Slice
    String
    Struct
    UnsafePointer
)
```

## 14.7 判断是否实现了某接口

判断是否实现了某接口的代码如下：

```
type IFly interface {    //①
    Fly()
}

type Bird struct {    //②
    Name string
}

func (b *Bird) Fly() {}    //③

func main() {
    bird := &Bird{}    //④
    t := reflect.TypeOf((*IFly)(nil)).Elem()    //⑤
    refType := reflect.TypeOf(bird)
    fmt.Println(refType.Implements(t))    //⑥
}
```

输出如下：

true

说明：

①定义接口。

②定义结构体。

③实现接口的 Fly 方法。

④声明 Bird 指针变量。

⑤返回 IFly 接口的类型。

⑥通过 refType.Implements(t)判断 refType 是否实现了 IFly 接口。

# 第三部分 项目实战

# 第15章 Gin框架

## 15.1 HTTP简介

超文本传输协议（Hyper Text Transfer Protocol，HTTP）可以从万维网（WWW）服务器传输超文本到本地浏览器，是一个基于TCP/IP（通信协议）来传递数据（HTML文件、图片文件、查询结果等）的协议。

它于1990年提出，目前在WWW中使用的是HTTP/1.0的第六版，HTTP/1.1的规范化工作正在进行中，而且关于HTTP-NG（Next Generation of HTTP）的建议已经提出。

HTTP工作在客户端—服务器架构上。浏览器作为HTTP客户端，通过URL向HTTP服务器

（Web 服务器）发送所有请求。Web 服务器根据收到的请求，向客户端返回响应信息。

### 1. HTTP 的主要特点

（1）简单快速：客户向服务器请求服务时，只需传送请求方法和路径即可。常用的请求方法有 GET、HEAD 和 POST。每种方法规定了客户与服务器联系的类型。由于 HTTP 较为简单，使得 HTTP 服务器的程序规模较小，因而通信速度很快。

（2）灵活：HTTP 允许传输任意类型的数据对象。正在传输的类型由 Content-Type 加以标记。

（3）无连接：无连接的含义是限制每次连接只处理一个请求。服务器在处理完客户的请求，并收到客户的应答后，即断开连接。采用这种方式可以节省传输时间。

（4）无状态：HTTP 是无状态协议。无状态是指协议对于事务处理没有记忆能力。缺少状态意味着如果后续处理需要前面的信息，则必须重传。这可能导致每次连接传送的数据量增大，因此，当服务器不需要先前信息时它的应答就会比较快。

### 2. URL

HTTP 使用统一资源标识符（Uniform Resource Identifiers，URI）来传输数据和建立连接。

统一资源定位符（Uniform Resource Locator，URL）是一种特殊类型的 URI，它包含了用于查找某个资源的足够的信息，在互联网上用来标识某一处资源的地址。

下面以一个 URL 为例，介绍一下该 URL 的各个组成部分：

http://www.××××.com/order/index?orderId=666&ID=31618&page=1

从上面的 URL 可以看出，一个完整的 URL 包括以下几部分：

（1）协议部分。该 URL 的协议部分为"http："，表示该网页使用的协议是 HTTP。在 Internet 中可以使用多种协议，如 HTTP、HTTPS、FTP 等。在本例中使用的是 HTTP。"HTTP"后面的"//"为分隔符。

（2）域名部分。该 URL 的域名部分为"www.××××.com"。在一个 URL 中，也可以把 IP 地址作为域名使用。

（3）端口部分。跟在域名后面的便是端口，域名和端口之间使用":"作为分隔符。如果省略端口部分，则采用默认端口 80。也可以自定义端口部分，格式如下：

http://www.××××.com:9090

（4）参数部分。从"？"处开始到最后。本例中的参数部分为"orderId=666&ID=31618&page=1"。参数允许有多个，参数与参数之间用"&"作为分隔符。

### 3．URI 和 URL 的区别

URI 可用来唯一标识一个资源。Web 上的所有可用资源，如 HTML 文档、图像、视频片段、程序等，都是通过一个 URI 来定位的。URI 一般由三部组成：

（1）访问资源的命名机制。

（2）存放资源的主机名。

（3）资源自身的名称，由路径表示，着重强调资源。

URL 是一种具体的 URI，即 URL 不仅可以用来标识一个资源，而且还指明了如何定位这个资源。URL 是互联网上用来描述信息资源的字符串，主要用在各种 WWW 客户端程序和服务器程序上。URL 可以用一种统一的格式来描述各种信息资源，包括文件、服务器的地址和目录等。URL 一般由三部分组成：

（1）协议，又称为服务方式。

（2）存有该资源的主 IP 地址，有时也包括端口号。

（3）主机资源的具体地址，如目录和文件名等。

### 4．HTTP 之请求消息

当客户端发送一个 HTTP 请求到服务器时，请求消息（Request）由四部分组成：请求行（request line）、请求头部（header）、空行和请求数据。

请求行以一个方法符号开头，以空格分开，后面跟着请求的 URI 和协议的版本：

```
GET /798f25983201b1b106060669.jpg HTTP/1.1
Host    www.coolpest8.com
User-Agent    Mozilla/5.0 (Windows NT 10.0; WOW64) AppleWebKit/537.36 (KHTML,
    like Gecko) Chrome/51.0.2704.106 Safari/537.36
Accept    image/webp,image/*,*/*;q=0.8
Referer    http://www.coolpest.com/
Accept-Encoding    gzip, deflate, sdch
Accept-Language    zh-CN,zh;q=0.8
```

第一部分：请求行，也是第 1 行，用来说明请求类型、要访问的资源，以及使用的 HTTP 版本。GET 表明请求类型为 GET，/798f25983201b1b106060669.jpg 为要访问的资源，HTTP/1.1

表明使用的是 HTTP1.1 版本。

第二部分：请求头部，紧接着请求行（即第一行）之后的部分，用来说明服务器要使用的附加信息。从第 2 行起为请求头部，Host 会指出请求的目的地。User-Agent 是浏览器类型检测逻辑的重要基础，该信息由浏览器来定义，并且在每个请求中自动发送，服务器端和客户端脚本都能访问它。

第三部分：空行，请求头部后面的空行是必须要有的，即使第四部分的请求数据为空，也必须有空行。

第四部分：请求数据，也叫主体，可以添加任意的其他数据。这个例子的请求数据为空。

POST 请求的例子如下：

```
POST / HTTP1.1
Host:www.coolpest8.com
User-Agent:Mozilla/4.0 (compatible; MSIE 6.0; Windows NT 5.1; SV1; .NET CLR
    2.0.50727; .NET CLR 3.0.04506.648; .NET CLR 3.5.21022)
Content-Type:application/x-www-form-urlencoded
Content-Length:40
Connection: Keep-Alive
```

name=Go 语言&publisher=电子工业出版社

第一部分：请求行，从第 1 行可以看出是 POST 请求，使用的是 HTTP1.1 版本。

第二部分：请求头部，从第 2 行至第 6 行。

第三部分：空行，第 7 行的空行。

第四部分：请求数据，第 8 行。

### 5. HTTP 之响应消息

一般情况下，服务器接收并处理客户端发过来的请求后会返回一个 HTTP 的响应消息（Response）。

HTTP 响应消息由四部分组成，分别是状态行、消息报头、空行和响应正文：

```
HTTP/1.1 200 OK
Date: Fri, 22 Sep 2020 06:07:21 GMT
Content-Type: text/html; charset=UTF-8

<html>
```

```
        <head></head>
        <body>
                <!--body 部分-->
        </body>
</html>
```

第一部分：状态行，由 HTTP 协议版本号、状态码和状态消息三部分组成。第 1 行为状态行，HTTP/1.1 表明使用的是 HTTP1.1 版本，状态码为 200，状态消息为 OK。

第二部分：消息报头，用来说明客户端要使用的一些附加信息。第 2 行和第 3 行为消息报头：

- Date：生成响应的日期和时间；
- Content-Type：指定了 MIME 类型为 text 或 html，编码类型是 UTF-8。

第三部分：空行，消息报头后面的空行是必须要有的。

第四部分：响应正文，服务器返回给客户端的文本信息。空行后面的<html>部分为响应正文。

### 6. HTTP 之状态码

状态码由三位数字组成，第一个数字定义了响应的类别，共分为五种类别：

- 1xx：指示信息，表示请求已接收，继续处理。
- 2xx：成功，表示请求已被成功接收、理解和接受。
- 3xx：重定向，想要完成请求必须进行更进一步的操作。
- 4xx：客户端错误，请求有语法错误或请求无法实现。
- 5xx：服务器端错误，服务器未能实现合法请求。

常见状态码：

```
200 OK                        //客户端请求成功
400 Bad Request               //客户端请求有语法错误，不能被服务器所理解
401 Unauthorized              //请求未经授权，这个状态码必须和 WWW-Authenticate
                              //一起使用
403 Forbidden                 //服务器收到请求，但是拒绝提供服务
404 Not Found                 //请求资源不存在，例如，输入了错误的 URL
500 Internal Server Error     //服务器发生不可预期的错误
503 Server Unavailable        //服务器当前不能处理客户端请求，一段时间后可能恢复正常
```

## 7. HTTP 之请求方法

根据 HTTP 标准，HTTP 请求可以使用多种请求方法。

HTTP1.0 定义了三种请求方法：GET、POST 和 HEAD。

HTTP1.1 新增了五种请求方法：OPTIONS、PUT、DELETE、TRACE 和 CONNECT。

- GET：请求指定的页面信息，并返回实体主体。
- HEAD：类似于 GET 请求，只不过返回的响应中没有具体的内容，用于获取报头。
- POST：向指定资源提交数据（例如提交表单或者上传文件）。数据被包含在请求体中。POST 请求可能会导致新的资源的建立或已有资源的修改。
- PUT：从客户端向服务器传送的数据取代指定文档的内容。
- DELETE：请求服务器删除指定的页面。
- CONNECT：HTTP1.1 中预留给能够将连接改为管道方式的代理服务器。
- OPTIONS：允许客户端查看服务器的性能。
- TRACE：显示服务器收到的请求，主要用于测试或诊断。

## 8. GET 和 POST 请求的区别

HTTP 定义了很多与服务器交互的方法，最基本的有四种，分别是 GET、POST、PUT 和 DELETE。 一个 URL 地址用于描述一个网络上的资源，而 HTTP 中的 GET、POST、PUT 和 DELETE 就对应着对这个资源的查、改、增、删四个操作。其中，最常见的是 GET 和 POST。GET 一般用于获取查询的资源信息，而 POST 一般用于更新资源信息。

以 GET 方式提交的数据会放在 URL 之后，以?分隔 URL 和传输数据，参数之间以&相连，例如 book?name=go 语言&id=123456。POST 方式是把提交的数据放在 HTTP 包的请求体中。

当以 GET 方式提交数据时，对数据大小有限制（因为浏览器对 URL 的长度有限制），而以 POST 方式提交的数据则对数据大小没有限制。GET 方式通过 Request.QueryString 获取变量的值，而 POST 方式通过 Request.Form 获取变量的值。

使用 GET 方式提交数据会带来安全问题，比如一个登录页面，当通过 GET 方式提交数据时，用户名和密码会出现在 URL 上。如果页面可以被缓存，或者其他人可以访问这台机器，就可以从历史记录中获得该用户的账号和密码。

## 15.2　Gin 框架简介

Gin 是用 Go 语言编写的 Web 框架，它可以快速实现 API，常用于生产环境中。现在流行前后端分离，即前端对应的是网页、App，后端对应的是业务逻辑。

下面通过餐馆的例子解释一下就更容易理解了。

如果把一个餐馆当作一个大型程序，那么前端就是客户可以看到的部分，如门面、桌子、椅子，以及餐馆的布置风格等。后端就是后厨炒菜做饭的地方。API 就是连接后厨和前端客户的地方，我们可以把它看作收银台。

客户来了，先到收银台点餐、付款、找位置坐好。收银台直接向后端传送消息，要求做某些菜品。待后厨把相关菜品做好以后，收银台再把饭菜送到客户那里。API 就是一个用来连接前后端的对外暴露的接口。前后端之间通过传输 JSON 格式的数据进行通信。

我们可以使用下面这个命令获取 Gin：

```
go get -u github.com/gin-gonic/gin
```

Gin 的用法非常简单，代码如下：

```
package main

import "github.com/gin-gonic/gin"

func main() {
    r := gin.Default()
    r.GET("/", func(c *gin.Context) {
        c.JSON(200, gin.H{
            "Blog":"www.coolpest8.com",
            "wechat":"zb13161658867",
        })
    })
    r.Run(":8080")
}
```

运行它，打开浏览器，输入 http://localhost:8080/ 就可以看到如下内容：

```
{"Blog":"www.coolpest8.com","wechat":"zb13161658867"}
```

c.JSON 方法会返回一个 JSON 格式的字符串，输出一个 JSON 格式的内容，这就是我们的第一个 Gin 程序了。

c.JSON 方法的签名如下：

```
func (c *Context) JSON(code int, obj interface{})
```

其中，code 返回的是 HTTP Status Code，obj 是内容。这里使用的 gin.H 其实是一个 map[string]interface{}，声明为 H 类型，便于操作。

## 15.3 RESTful

### 1. REST

表现层状态转移（Representational State Transfer，REST）是由 Roy Fielding 提出的一种软件架构风格，它由一系列规范组成，满足这些规范的 API 均可称为 RESTful API。在 REST 的规范中有如下两个核心：

（1）REST 中的实体都被抽象成资源，每一个资源都有唯一的标识——URI，所有的行为都应在资源上实现 CURD（创建、修改、查询、删除）操作。

（2）每个 RESTful API 请求都包含了所有足够完成这次操作的信息，服务端无须保持 session 信息。其好处是服务端可以方便地进行弹性扩容。

HTTP 是 RESTful API 的实现标准。HTTP 中的 GET、POST、PUT 和 DELETE 方法对应 REST 资源的获取、创新、更新、删除操作。

POST：创建一个新的资源，如 POST/accounts 表示创建一个用户。

GET：获取一个具体的资源，如 GET/accounts/123 表示获取 ID 为 123 的用户的详细信息。

PUT：更新一个资源，如 PUT/accounts/123 表示更新 ID 为 123 的用户信息。

DELETE：删除一个资源，如 DELETE/accounts/123 表示删除 ID 为 123 的用户。

**场景对标**

下面通过从网站下订单来解释一下 REST 的 CURD 操作。

当我们在网站购物时，在单击"提交订单"按钮后，网站开始做各种操作，比如查询库存、扣减库存、计算优惠、使用用户收货地址等，最终生成一个订单，并在页面上显示订单号"667788"。

当我们单击"订单列表"时,实际上是通过 GET/orders 来获取订单列表并显示在页面上的。

当我们单击"查看订单详情"时,实际上是通过 GET/orders/667788 来获取订单详情的,即这个订单里的相关商品、收货地址和联系方式等。

当发现收货地址不正确时,需要把收货地址修改为正确的信息,此时应使用 PUT /orders/667788。

如果想要取消这个订单,则应使用 DELETE /orders/667788。

## 15.4 路由参数

仔细观察下面这些路由(URL),可以发现它们具备一定的规则:前面都是 users,后面都是 users 的 id。这样我们就可以把这些路由归纳为/users/id。

```
/users/123
/users/456
/users/23456
```

由此可以看出,只有 id 这部分是可变的,前面的 users 是不变的。可变的 id 可以当成 API 服务输入的参数,这样我们就可以通过这个 id 参数获取对应的用户信息了。这种 URL 匹配的模式,我们称之为路由参数。

首先运行下面的代码:

```
func main() {
    r := gin.Default()

    r.GET("/users/:id", func(c *gin.Context)         {
        id := c.Param("id")
        c.String(200, "The user id is  %s", id)
    })
    r.Run(":8080")
}
```

之后打开浏览器,输入 http://localhost:8080/users/123,即可看到如下信息:

```
The user id is 123
```

其中,/users/:id 就是一种路由匹配模式,也是一个通配符。:id 是一个路由参数,我们可以通过 c.Param("id")获取定义的路由参数的值。/users/:id 这种匹配模式是精确匹配的,每次只能匹配一个路由，下面举例说明：

```
``` Pattern: /users/:id
/users/123           匹配
/users/哈哈          匹配
/users/123/go        不匹配
/users/              不匹配
```

## 15.5　URL 查询参数的获取

URL 查询参数可简称为 URL 参数，它存在于请求的 URL 中，以?为起点，后面的 k=v&k1=v1&k2=v2 这样的字符串就是查询参数，比如对于下面这个 URL：

https://www.××××.com/search?q=golang&wechat=zb13161658867

其中，?q=golang&wechat=zb13161658867 就是查询参数。在这个查询参数中有两个查询参数键值对：q=golang 和 wechat=zb13161658867。第一个 key 是 q，对应的值是 golang；第二个 key 是 wechat，对应的值是 zb13161658867；它们通过&相连。在 URL 中，查询参数键值对之间通过&相连。

Gin 提供了简便的方法来获取查询参数的值，我们只需知道查询参数的 key（参数名）即可。

运行下面这段代码：

```go
func main() {
    r := gin.Default()

    r.GET("/", func(c *gin.Context) {
        c.String(200, c.Query("wechat"))
    })
    r.Run(":8080")
}
```

之后打开浏览器访问 http://localhost:8080/?wechat=zb13161658867，就可以看到 zb13161658867。这表示通过 c.Query("wechat") 可以获取查询参数 wechat 的值是 zb13161658867。

Query 方法提供了获取对应 key 的值的能力，如果该 key 不存在，则返回空字符串。对于一些数字参数，比如 id，如果返回为空，则在把字符串转为数字时会报错，这时我们就可以通过 DefaultQuery 方法指定一个默认值了：
```

```
c.DefaultQuery("wechat", "zb13161658867")
c.DefaultQuery("id", "0")
```

在上面这段代码中，第二行代码的数字参数默认值为 0，这让字符串转数字变得非常方便。

上面两个函数的源代码实现如下：

```
func (c *Context) Query(key string) string {
value, _ := c.GetQuery(key)
return value
}

func (c *Context) DefaultQuery(key, defaultValue string) string {
if value, ok := c.GetQuery(key); ok {
return value
}
return defaultValue
}
```

它们都是通过调用 GetQuery 方法来获取对应值的，唯一不同的是，DefaultQuery 方法会判断对应的 key 的值是否存在。如果不存在，则返回默认值。

## 15.6 接收数组和 map

### 1. QueryArray（接收数组）

在实际开发中，有些业务是多选的，比如，一个活动可以有多个人参加，一个问题可以有多个答案，等等。对于这类业务功能来说，如果是通过查询参数提交的，那么它们的 URL 大概如?a=b&a=c&a=d 这样，即 key 都一样，但是对应的值（value）不同。

这类 URL 查询参数就是一个数组，在 Gin 中应获取它们的方法如下：

```
func main() { r := gin.Default()
    r.GET("/", func(c *gin.Context) {
        c.JSON(200, c.QueryArray("media"))
    })
    r.Run(":8080")
}
```

运行代码，在浏览器中访问 http://localhost:8080/?media=blog&media=wechat，即可看到如下信息：

```
["blog","wechat"]
```

### 2. QueryMap（map）

QueryMap 其实就是把满足 URL 格式的查询参数转换成 map。假设有 a、b 和 c 三个人，他们对应的 id 分别是 123、456 和 789。如果用 map 表示，则类似于：

```
?ids[a]=123&ids[b]=456&ids[c]=789。
```

由此可以看出，关键在于 key，这个 key 必须符合 map 的定义。ids 是变量名，[]里面的是 key，key 不能相同，这样就满足了 Gin 的要求，即把 URL 格式的查询参数转换为 map：

```
r.GET("/map", func(c *gin.Context) {
    c.JSON(200, c.QueryMap("ids"))
})
```

获取 map 的方法很简单，把 ids 作为 key 即可。现在运行代码，访问 http://localhost:8080/map?ids[a]=123&ids[b]=456&ids[c]=789，就会看到如下信息：

```
{"a":"123","b":"456","c":"789"}
```

也就是说，我们输入的信息正好被打印出来了。

GetQueryMap 和 QueryMap 是一样的，只是返回了对应的 key 是否存在。

## 15.7 获取 Form 表单参数

除通过 URL 查询参数提交数据到服务器外，还可以通过 Form 表单的方式提交数据到服务器。与 URL 查询参数相比，Form 表单这种形式的用户体验更好，而且可以承载更多的数据，尤其是在上传文件时。

### 1. Form 表单

对于 Form 表单我们并不陌生，比如 input 文本框、密码框等，我们可以在其中输入一些数据，然后单击"保存""提交"等按钮把数据提交到服务器。

在 Form 表单中有两种提交方式，分别是 GET 和 POST。其中，GET 方式就是 URL 查询参数的方式，参考即可获得对应的参数键值对。本节主要介绍如何以 POST 方式提交表单，Gin 处理的也是这种表单。

## 2. Gin 接收表单数据

Gin 提供了与获取 URL 查询参数一样的系列方法来获取表单数据：

```
func main() {
    r := gin.Default()
    r.POST("/", func(c *gin.Context) {
        wechat := c.PostForm("wechat")
        c.String(200, wechat)
    })

    r.Run(":8080")
}
```

运行上面这段代码，打开 cmd 或 Terminal 命令行，输入 curl -d wechat=zb13161658867 http://localhost:8080/，就会看到打印的信息：zb13161658867。

下面通过 curl 这个工具来模拟 POST 请求。在这个 Gin 示例中，是使用 PostForm 方法来获取相应的键值对的。它接收一个 key，即 HTML 中 input 这类表单标签的 name 属性值。如果对应的 key 不存在，则返回空字符串。

## 3. Gin PostForm 系列方法

与查询参数方法一样，Gin 提供了一系列方法来接收表单的参数，它们的用法和查询参数的一样。

获取 key 对应的值，若不存在，则为空字符串：

```
Query(key string) string
PostForm(key string) string
```

获取 key 对应的数组，若不存在，则返回一个空数组：

```
GetQuery(key string) (string, bool)
GetPostForm(key string) (string, bool)
QueryArray(key string) []string
PostFormArray(key string) []string
```

获取 key 对应的 map，若不存在，则返回空 map：

```
GetQueryArray(key string) ([]string, bool)
GetPostFormArray(key string) ([]string, bool)
QueryMap(key string) map[string]string
PostFormMap(key string) map[string]string
```

如果 key 不存在，则指定返回的默认值：

```
GetQueryMap(key string) (map[string]string, bool)
DefaultPostForm(key, defaultValue string) string
DefaultQuery(key, defaultValue string) string
DefaultPostForm(key, defaultValue string) string
```

## 15.8 JSON 渲染输出

Gin 对于 API JSON 的支持非常友好，可以让我们非常方便地开发一个基于 JSON 的 API：

```
func main() {
    r := gin.Default()
    r.GET("/hello", func(c *gin.Context) {
        c.JSON(200, gin.H{"message": "hello world"})
    })
    r.Run(":8080")
}
```

通过 c.JSON 方法，可以非常方便地输出 JSON 格式的内容。

在浏览器中访问 http://localhost:8080/hello，可以看到如下内容：

```
{"message":"hello world"}
```

这是一个 JSON 格式的字符串，第三方调用者可以获得这个字符串，把它转换为一个 JSON 对象，并通过 message 字段获取对应的值，即 hello world。

这里使用了 gin.H 这个类型来构建一个键值对对象，其实 gin.H 是一个 map[string]interface{}。

```
type H map[string]interface{}
```

gin.H 可以帮助开发者快速地构建一个 map 对象，不仅可以用在 c.JSON 方法中，还可以用在其他场景中。

### 1. Struct 转 JSON

c.JSON 方法非常强大，不仅可以输出 map，还可以把我们自定义的 struct 对象转换成一个 JSON 字符串并输出：

```
func main() {
    r := gin.Default()
    r.GET("/users/123", func(c *gin.Context) {
```

```
        c.JSON(200, user{ID: 123, Name: "欢喜哥", Age: 20})
    })
    r.Run(":8080")
}

type user struct {
    ID   int
    Name string
    Age  int
}
```

在上面这段代码中,首先自定义了一个 user struct 来表示用户,然后注册了一个用户 ID 为 123 的路由,用于输出这个用户的信息。这里使用的就是把 user struct 作为参数直接传给 c.JSON 方法。

此时在浏览器中访问 http://localhost:8080/users/123 ,可以看到如下信息:

`{"ID":123,"Name":"欢喜哥","Age":20}`

可以看出,这里已经把这个用户的信息作为一个 JSON 字符串输出了。

### 2. 自定义 JSON 字段名称

在前面的例子中,输出的 JSON 字符串的字段和我们定义的 user 的字段名是一样的,但是这样的命名格式显然不太适合 JSON,因为 JSON 字符串应该是以小写字母开头的,这样比较符合大家所遵守的 JSON 风格。

Gin 是支持对字段名字重新命名的,并且方法很简单,和 Go 语言原生的 JSON 一样:

```
type user struct {
    ID   int    `json:"id"`
    Name string `json:"name"`
    Age  int    `json:"age"`
}
```

只需在定义 user struct 时为字段添加 json tag 即可。 现在重新运行代码,在浏览器中访问 http://localhost:8080/users/123 ,即可看到信息已经变成:

`{"id":123,"name":"欢喜哥","age":20}`

这样更符合 JSON 的命名风格。

### 3. JSON 数组

在某些情况下，比如当需要获取所有用户信息时，如果转为 JSON 字符串，那么这就是一个 JSON 数组。在 Gin 中，生成 JSON 数组的方法很简单，只需确保传递给 c.JSON 的参数是个数组即可，例如：

```
allUsers := []user{{ID: 123, Name: "欢喜哥", Age: 20}, {ID: 456, Name: "小明", Age: 25}} r.GET("/users", func(c *gin.Context) { c.IndentedJSON(200, allUsers) })
```

上面的代码首先定义了一个 user 数组，然后使用 c.IndentedJSON 输出 JSON 字符串。运行代码，在浏览器中访问 http://localhost:8080/users，即可看到一个 JSON 数组字符串：

```
[ { "id": 123, "name": "欢喜哥", "age": 20 }, { "id": 456, "name": "小明", "age": 25 } ]
```

### 4. JSON 美化

上面的例子中，输出的 JSON 字符串没有缩进，非常的不美观。对于这种情况，Gin 也提供了便捷方法，使输出的 JSON 更美观：

```
r.GET("/users/456", func(c *gin.Context) { c.IndentedJSON(200, user{ID: 456, Name: "小明", Age: 25}) })
```

想要美化 JSON 的输出，使用 c.IndentedJSON 方法即可。运行代码，在浏览器中访问 http://localhost:8080/users/456，就可以看到 JSON 已经被美化了，变得更有层次，适合阅读：

```
{ "id": 456, "name": "小明", "age": 25 }
```

# 第 16 章
## 生活点评项目实战

## 16.1 总体需求分析

大众点评是一个集美食评价+团购+外卖一体的平台，可以为用户提供便捷的服务。本章我们做一个与大众点评类似的点评系统。

首先从页面功能上分析，需要的接口如下：

（1）首页相关，包括导航、拼团、秒杀和猜你喜欢。

（2）找优惠页面相关。

（3）找好店相关，包括美食排行榜、精品榜单、附近上榜和全域上榜。

（4）获取餐馆详细信息。

（5）获取团购详细信息。

（6）团购下单。

（7）订座下单。

（8）外卖。

（9）我的。

（10）图片展示。

后端项目结构如下。

- Conf：配置文件。
- Handler：接收请求。
- Health：健康检查。
- Logs：存放日志。
- Middleware：中间件。
- Model：数据 Model。
- myerr：自定义错误。
- router：路由。
- service：服务层。
- token：令牌。
- utils：工具类。

小程序前端目录结构如下。

```
Actions
  ├─Components
  ├─Constants
  ├─Pages
Reducers
  ├─Store
  ├─userApiRequest
```

由于篇幅所限，前端代码不在这里展示。

**数据库设计如下。**

Account：用户信息表。

Comment：评论表。

Comment_pic：评论图片列。

Comment_tag：评论标签。

Discount：折扣表。

Guess：猜你喜欢。

Hotel：餐馆。

Hotel_food_category：实物分类。

Hotel_guess：餐馆推荐菜。

Hotel_img：餐馆图片。

Hotel_tag：餐馆标签。

Market：商圈。

Me_item：我的。

Nav：导航。

Restaurant_nav：餐馆页导航。

Restaurant_tab_item：餐馆切换项。

Suggest_food：首页推荐菜品。

Suggest_food_pic：首页推荐菜品图片。

Take_out：外卖。

Team：团购。

Team_detail：团购详情。

Team_choose_food：团购套餐选取。

Team_choose_item：团购套餐选取单项。

Team_post_order：团购下单。

## 16.2 开发精要

大众点评小程序采用的是前后端分离技术，后端采用 Go 语言，前端采用 Taro 框架+React Hooks。本节重点介绍 Go 语言后端技术开发，对于前端不做过多讲解，感兴趣的读者可以自行查看本书附带的前端代码。

在企业中，常见的开发流程如下：

（1）产品经理通过产品文档告诉开发人员产品的最终样式，以及如何进行逻辑处理。

（2）开发经理评估整个项目的开发周期和重要节点时间。

（3）测试经理给出测试时间。

（4）产品经理给出建议上线时间。

开发经理需要全盘考虑这个项目的技术架构和技术难点。开发人员需要要根据开发经理派发的任务进行编码。

下面对产品的最终文案进行需求分析，观察每个页面的样式，并定义接口。

注意：此时需要和前端开发人员沟通，确定每个页面的样式，比如：

- 接口的名称是什么？
- 通信协议是什么？
- 参数是什么？
- 返回结果是什么？
- 业务错误提示是什么？

这样就可以各自开发了，当大家都开发完成后，还可以"对接联调"，即从前端发起一个请求，然后调用后端接口，把后端接口返回的数据展示在前端网页或 App 上，观察是否符合预期标准，这是开发人员的自测。

在自测结束之后，就可以提交给测试组了，由他们对产品进行更细粒度的测试。在这期间，测试人员会提出一些 bug，可能是开发上的，也可能是产品上的。

在测试组完成测试后,就可以进入预上线阶段了,即把产品发布到预发布环境。如果测试组验证没有问题,就进入正式生产阶段。至此,网页或者 App 就正式和广大用户见面了。

## 16.3 接口设计

账户相关操作:

```
account := engine.Group("/v1/account")
{
    //新增用户
    account.POST("", AccountHandler.AccountCreate)
    //获取用户列表
    account.GET("", AccountHandler.ListAccount)
    //获取指定用户的详细信息
    account.GET("/:account_name", AccountHandler.GetAccount)
    //删除用户
    account.DELETE("/:id", AccountHandler.Delete)
    //更新用户
    account.PUT("/:id", AccountHandler.Update)
    //登录
    account.POST("/login", AccountHandler.Login)
}
```

点评相关操作:

```
dp := engine.Group("/v1/dp")
{
    //首页
    //dp.GET("/index",handler.IndexHandler)
    //首页导航
    dp.GET("/nav", NavHandler.NavHandler)
    dp.GET("/subnav", NavHandler.SubNavHandler)
    //首页拼团
    dp.GET("/team", SuggestFoodHandler.TeamHandler)
    //首页秒杀
    dp.GET("/rush", SuggestFoodHandler.RushHandler)
    //首页猜你喜欢
    dp.GET("/guess", GuessHandler.Guess)
    //找优惠页面相关
    dp.GET("/discount", DiscountHandler.DiscountList)
```

```go
    //获取图片
    dp.GET("/image", handler.ImageHandler)

    //美食排行榜
    dp.GET("/restaurantNav", RestaurantNavHandler.RestaurantNav)
    //精品榜单
    dp.GET("/restaurantBillBoard",
        RestaurantNavHandler.GoodRestaurantBillBoardHandler)
    //附近上榜和全域上榜
    dp.GET("/restaurantTabItem",
        RestaurantNavHandler.GoodRestaurantTabItemHandler)

    //获取餐馆详细信息
    dp.GET("/hotel/detail/:id", HotelDetailHandler.HotelDetailHandler)
    //获取团购详细信息
    dp.GET("/team/detail/:id",TeamDetailHandler.TeamDetail)
    //团购下单
    dp.POST("/team/order/:id",TeamDetailHandler.TeamOrderHandler)
    //订座下单
    dp.POST("/seat/order/:hotelId",OrderSeatHandler.OrderSeat)
    //外卖
    dp.GET("/takeout/:hotelId",TakeOutHandler.GetTakeOutByHotelId)
    //我的
    dp.GET("/me", MeHandler.Me)

}
```

## 16.4 餐厅详情模块

本节对餐馆的具体模块进行封装，代码如下：

```go
type Hotel struct {
//餐馆 ID
HotelID string `json:"hotelId"`
//餐馆名称
HotelName string `json:"hotelName"`
//餐馆图片地址
Pic string `json:"pic"`
//餐馆打分
Star string `json:"star"`
```

```go
//评论数
Num int `json:"num"`
//人均消费
AveragePrice float64 `json:"averagePrice"`
//口味
Taste float64 `json:"taste"`
//环境
Env float64 `json:"env"`
//服务
Service float64 `json:"service"`
//详细地址 （某路某号某广场2层）
MapAddr string `json:"mapAddr"`
//详细地址2 （距地铁几号线某站A西北口步行多少米）
MapAddr2 string `json:"mapAddr2"`
//类型（潮汕菜/湘菜）
ShortType string `json:"shortType"`
//营业时间
BusinessTime string `json:"businessTime"`
//榜单排行
Bang string `json:"bang"`
//团购列表
TeamList []Team
//推荐菜列表
FoodList []SuggestFood
//评论标签列表
CommentTagList []CommentTag
//评论列表
CommentList []Comment
//商场
Market Market
}
```

本节的源代码在 Chapter16/model/ hotel.go 文件中。

数据库中的 hotel-Table（hotel 表）如图 16-1 所示。

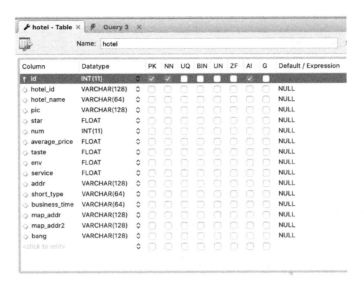

图 16-1

**注意**：在 hotel 详情页中展示的团购信息、推荐菜品信息、评论的标签信息、评论信息、餐馆所在的商圈（商场）位置等，并不在 hotel 表中，而是通过程序调用其他接口得到的。

上述 hotel 模块包含了与数据库相关的基本字段属性，以及一些聚合的属性。

## 16.5 数据库访问层

用户提交的数据应放到数据库里，这个过程和图书馆是一个概念，对应的操作就是增加、修改、删除和查找。

想要把数据放到数据库中，无论 MySQL 数据库还是 Oracle 数据库，数据访问层都会为其提供服务，数据库需要使用一套通用的、跨数据库的应用程序接口。当业务层获取到当前数据层的引用之后，业务层应以多态的形式，通过公开接口提供的方法与数据库进行通信。我们可以在配置文件中更换数据库。建议把数据库访问层独立出来，这样在更换数据库时，就不会影响其他业务了。

**1．数据访问层承担的责任**

（1）CRUD 操作。

负责将对象保存到关系数据库中，以及从关系数据库中读取数据并加载至 Go 应用程序的实例中。

（2）查询服务。

在一些复杂场景中，有时需要按条件进行精确查询，而这个条件是要在某些条件下才能触发的，所以这就涉及动态生成 SQL 语句及 SQL 代码的问题。

（3）事务管理。

在数据库访问层中，应该有一种机制，它可以跟踪一个工作单元内对应用程序数据的所有修改，并将这些修改一次性持久化到数据库中。

事务是一系列操作的集合。

从宏观角度看：事务是访问数据库的一个逻辑单元（集合）。

从微观角度看：事务就是对数据进行读和写等操作。

例如，张三给李四转账 100 元，过程如下：

（1）锁定张三账户。

（2）锁定李四账户。

（3）读取张三账户。查看是否有 100 元，如果有张三账户减 100 元，更新张三账户。

（4）李四账户+100 元，更新李四账户。

（5）解锁张三账户。

（6）解锁李四账户。

这一系列操作集合就是一个事务单元，本质上就是对张三和李四数据项的读和写。要么一起成功，要么一起失败，不会出现只有部分成功的情况。若成功提交，则使用 commit 方法，如果有错误，则需要回滚到最初状态，应使用 rollback 方法。

### 2. 事务的特性

（1）原子性。

原子是最小单位，不能再进行分割。在数据库系统中，原子性是指组成事务的读和写操作指令的集合是一个整体，不可分割。要么全部执行，要么全部不执行（回滚）。

（2）一致性。

数据库是从一个一致性状态转换到另一个一致性状态的，也就是说，事务执行之前和执行之后都必须处于一致性状态。

（3）隔离性。

一般来说，在提交一个事务所做的修改之前，对其他事务是不可见的。关于事务的隔离性，数据库提供了多种隔离级别。

（4）持久性。

一旦事务提交，所做的修改就会永久保存到数据库中。

### 3. 处理并发

在多用户环境中，操作数据库会导致数据出现完整性问题。例如，当用户 A 加载了商品 123 的一份副本，并修改了名称之后，因为该操作属于较长的事务，所以并没有提交。而此时，假设 B 用户也加载了商品 123 的另外一份副本，也更新了名称，那么就会出现后面的修改会覆盖前面的修改这种情况，这通常叫作"最后写入者获胜"。

乐观的并发处理是指用户可以自由地尝试更新数据库中的任意记录，不过成功与否不能保证。若数据库访问层发现将要更新的记录已经被别人修改过，那么此次修改就会失败。

### 4. 数据上下文

数据上下文可用来表示与底层数据库（存储介质）的交互工作。数据库访问层的使用者可以用它作为存储介质来统一操作位置。大部分 ORM 框架都有数据上下文。

当我们需要与数据库打交道时，就需要数据库访问层来提供对数据库的一系列操作。

本节的源码在/Chapter16/repository /hotel.go 文件中。

代码如下：

```go
func (h *HotelRepo) GetHotelById(hotelId string) model.Hotel{
    var hotel model.Hotel
    h.DB.MyDB.Where("hotel_id = ?",hotelId).First(&hotel)
    return hotel
}
```

说明：

Where：查询符合 hotel_id 条件的记录。

First：查找第一条记录。

GORM 还有很多其他操作数据库的方法，这里不再赘述。

## 16.6　服务层

服务层的作用是对参数的合法性和业务逻辑进行校验，在下面的代码中，GetHotelDetailByID 方法定义了要返回的结构体 Hotel，它的结构是餐馆信息，里面包含了很多聚合属性。如果有错误，就会用第二个返回值来接收这个错误。

除此之外，服务层还组合了 hotel 详情页需要的其他字段，并且进行了获取和赋值，这样一个餐馆的实例就丰富起来了。

本节的源代码在 Chapter16/service/dp_service/hotel.go 文件中。

代码如下：

```go
func (h *HotelService) GetHotelDetailByID(id string) (*model.Hotel,error) {
    if id==""{
        return nil,errors.New("参数错误！")
    }
    hotel:= h.Repo.GetHotelById(id)
    if &hotel==nil{
        return nil,errors.New("餐馆查询错误！")
    }
    teamList := h.TeamRepo.GetTeamListByHotelId(id)
    hotel.TeamList=teamList
    foodList := h.SuggestFoodRepo.GetFoodByHotelId(id)
    hotel.FoodList=foodList
    tagList := h.CommentTagRepo.GetCommentTagList(id)
    hotel.CommentTagList=tagList
    commentList := h.CommentRepo.GetCommentList(id)
    hotel.CommentList=commentList
    market := h.MarketRepo.GetMarketInfo(id)
    hotel.Market = market
    return &hotel,nil
}
```

## 16.7 路由和方法

我们一般使用 GET 方法获取信息，路由形式如下：

```
dp.GET("/hotel/detail/:id", handler.HotelDetailHandler)
```

这个路由会匹配/hotel/detail/123456 这种形式的 URL。当上面这个 URL 被访问时，HotelDetailHandler 方法就会监听到，并进行处理，代码如下：

```go
func (h *HotelDetailHandler) HotelDetailHandler(c *gin.Context) {
    hotelId := c.Param("id")

    hotel,err := h.Srv.GetHotelDetailByID(hotelId)
    if err!=nil{
        c.JSON(http.StatusOK, gin.H{
            "item": nil,
            "msg": err.Error(),
        })
    }else{
        c.JSON(http.StatusOK, gin.H{
            "item": hotel,
            "msg":"",
        })
    }
}
```

本节的源代码在 Chapter16/handler/dp.go 文件中。

## 16.8 团购下单模块

团购下单模块的代码如下：

```go
type TeamPostOrder struct {
    TeamPostOrderId string `json:"teamPostOrderId"`
    //团购详情 ID
    TeamDetailId string `json:"teamDetailId"`
    //支付价格
    RealPrice int `json:"realPrice"`
    //数量
```

```
    Quantity int `json:"quantity"`
    //下单人手机号
    Mobile int `json:"mobile"`
    //下单人名称
    Name string `json:"name"`
    //下单人性别
    Sex int `json:"sex"`
    //附加消息
    Message string `json:"message"`
}
```

本节的源代码在 Chapter16/model/team_post_order.go 文件中。

## 16.9  数据库访问层

数据库访问层的代码如下：

```
type TeamPostOrderRepo struct {
    DB model.DataBase
}

func (t *TeamPostOrderRepo) Save(order model.TeamPostOrder) string {
    t.DB.MyDB.Save(order)
    return order.TeamPostOrderId
}
```

本节的源代码在 Chapter16/repository/team_post_order.go 文件中。

Save 方法会保存一条新记录到数据库中。

## 16.10  团购下单——服务层

该服务层的作用是对参数的合法性和业务逻辑进行校验，如果参数不合法，就返回错误，无法下单，代码如下：

```
    func (t *PostTeamOrderService) TeamOrder(order param.TeamPostOrder)
(string,error) {
        //在数据库中查看是否有团购优惠
        teamDetail:= t.TeamRepo. .GetTeamDetail(order.TeamDetailId)
        if tecamDetail==nil{
```

```go
        return "",errors.New("参数错误")
    }
    //下单数量不能小于1
    if order.Quantity<1{
        return "",errors.New("参数错误")
    }
    //售卖价格要大于0
    if order.RealPrice>0{
        return "",errors.New("参数错误")
    }
    //下单人的手机号不能为空
    if order.Mobile==""{
        return "",errors.New("参数错误")
    }
}

id, _ := uuid.GenerateUUID()
o := dp.TeamPostOrder{
    TeamPostOrderId: id,
    TeamDetailId: order.TeamDetailId,
    RealPrice:    order.RealPrice,
    Quantity:     order.Quantity,
    Mobile:       order.Mobile,
}
return t.Repo.Save(o), nil }
```

service 的校验组合不仅与业务绑定得很紧密，而且有多种业务形式，因而读者可以多思考，多校验，增强业务代码的健壮性。

本节的源代码在 Chapter16/service/dp_service/team_order_post.go 文件中。

## 16.11 团购下单——路由和方法

对于团购下单的操作，我们需要用 POST 方法：

```go
//团购下单
dp.POST("/team/order/:id",handler.TeamOrderHandler)
```

路由形式如下：

```go
func (h *PostTeamOrderHandler) TeamOrderHandler(c *gin.Context) {
    var p param.TeamPostOrder
```

```
    err := c.BindJSON(&p)
    if err != nil {
        c.JSON(http.StatusOK, gin.H{
            "err": err.Error(),
        })
    }
    id,err := h.Srv.PostTeamOrder(p)
    if err!=nil{
        c.JSON(http.StatusOK, gin.H{
            "id": "",
            "err": err.Error(),
        })
    }else{
        c.JSON(http.StatusOK, gin.H{
            "id": id,
            "err": "",
        })
    }
}
```

本节的源代码在 /Chapter16/handler/dp.go 文件中。

当用户单击图 16-2 中的"提交订单"按钮时,就会执行上面的方法,生成订单。

图 16-2

## 16.12 小结

本章介绍了快速开发小程序的经验，采用了 RESTful 风格的 API，使用 Go 语言及 Gin 框架进行项目开发、系统设计、数据库设计和快速迭代对接数据，突破了小程序与服务端交互的难题。可以感受到 Go 语言在系统中拥有快速开发，功能强大的优势，同时可以掌握架构设计与系统化开发思维，用尽可能小的代价实现尽可能大的需求，从后端服务器到前端 UI，全面掌握 Go 语言的开发关键技能和 Go 语言编码的架构风格。

小程序前端采用的是 Taro 框架。Taro 框架的优势是：只需编写一套代码即可运行在多种小程序（微信小程序、支付宝小程序等）或页面（HTML5 或 React Native）上，React 式的代码风格可快速实现页面开发。

由于小程序前端页面的相关内容超出本书范围，故不多介绍。小程序前端页面代码见本书源代码文件。

# 第 17 章
# 账户管理系统实战

## 17.1 启动一个简单的 RESTful 服务器

第 15 章我们学习了 Gin 框架的基本操作,下面就来看看如何把 Gin 框架应用到企业开发中。

```
Main.go

func main() {
    G:= gin.New()
    middlewares := []gin.HandlerFunc{}
    router.Load(
        g,
        middlewares...,
    )
```

```go
    go func() {
        if err := checkServer(); err != nil {
            log.Fatal("自检程序发生错误...", err)
        }
        log.Print("路由成功部署.")
    }()

    log.Printf("开始监听 http 地址: %s", "9090")
    log.Printf(http.ListenAndServe(":9090", g).Error())
}

func checkServer() error {
    for i := 0; i < 10; i++ {
        //发送一个 GET 请求给 /check/health, 验证服务器是否成功
        resp, err := http.Get("http://127.0.0.1:9090/check/health")
        if err == nil && resp.StatusCode == 200 {
            return nil
        }

        // Sleep 1 second 继续重试
        log.Print("等待路由, 1 秒后重试.")
        time.Sleep(time.Second)
    }
    return errors.New("无法连接到路由.")
}
```

### 1. 加载路由

main 函数通过调用 router.Load 函数来加载路由:

```go
func Load(engine *gin.Engine, middlewares ...gin.HandlerFunc) *gin.Engine{
    engine.Use(gin.Recovery())
    engine.Use(middlewares...)
    engine.NoRoute(func(context *gin.Context) {
        context.String(http.StatusNotFound, "API 路由不正确.")
    })
    check:=engine.Group("/check")
    {
        check.GET("/health",health.Health)
    }

    return engine

}
```

该代码块定义了一个叫作 check 的分组，在该分组下注册了 /health HTTP 路径，并路由到 health.Health 函数。

check 分组主要用来检查 API Server 的健康状况：

```go
// Health 输出"OK"，表示可以访问
func Health(c *gin.Context) {
    message := "OK"
    c.String(http.StatusOK, "\n"+message)
}
```

源代码文件 Chapter17/17-1：

（1）输入命令 go build，生成一个二进制文件 17-1。

（2）运行二进制文件 17-1。

```
[GIN-debug] [WARNING] Running in "debug" mode. Switch to "release" mode in production.
 - using env:   export GIN_MODE=release
 - using code:  gin.SetMode(gin.ReleaseMode)

[GIN-debug] GET    /check/health             --> github.com/i-coder-robot/book_final_code/Chapter16/health.Health (2 handlers)
2021/03/08 10:04:52 开始监听http地址：9090
2021/03/08 10:04:52 路由成功部署.
```

可以看到监听到了 9090 端口，路由成功部署。

在浏览器中输入 http://127.0.0.1:9090/check/health，发送 HTTP GET 请求，如果函数正确执行，并且返回的 HTTP StatusCode 为 200，则页面输出"OK"。/check/health 路径会匹配到 health/health.go 中的 Health 函数，该函数只返回一个字符串：OK。

本节通过一个例子快速启动了一个 API 服务器，以此介绍 Go API 的开发流程，在后面的章节中，将讲解如何一步步构建一个企业级的 API 服务器。

## 17.2 Viper

在日常开发中，变更配置文件是十分常见的，因为在不同的环境中，如开发环境、测试环境、预发布环境和生产环境等，配置文件的内容是不同的。在企业级开发中，大多使用 Viper 进行配置。

## Viper 简介

Viper 是开源的 Go 语言配置工具，它具有如下特性：

（1）可以设置默认值。

（2）可以读取多种格式的配置文件，如 JSON、TOML、YAML、HCL 等。

（3）可以监控配置文件改动，并热加载配置文件。

（4）可以从远程配置中心读取配置（etcd/consul），并监控变动。

（5）可以从命令行 flag 读取配置。

（6）可以从缓存中读取配置。

（7）支持直接设置配置项的值。

Viper 不仅功能非常强大，而且用起来十分方便，在初始化配置文件后，读取配置只需要调用 viper.GetString、viper.GetInt 和 viper.GetBool 等函数即可。

```yaml
config.yaml:
runmode: debug              # 开发模式有debug模式、release模式和test模式三种
addr: :909                  # HTTP 绑定端口
url: http://127.0.0.1:9090  # pingServer 函数请求 API 服务器的 ip:port
max_check_count: 10         # pingServer 函数尝试的次数
database:
    name: db
    addr: 127.0.0.1:3306
    username: root
    password: 123456
```

如果要读取 username 配置，则执行 viper.GetString("database.username") 即可。这里采用了 YAML 格式的配置文件，因为它包含的内容更丰富，可读性更强。

打开源代码文件 17-2/main.go：

```go
var (
    cfg = flag.String("config", "c", "")
)
func main() {
    flag.Parse()

    // init config
```

```go
    if err := config.Init(*cfg); err != nil {
        panic(err)
    }
    gin.SetMode(viper.GetString("runmode"))
    g:= gin.New()
    middlewares := []gin.HandlerFunc{}
    router.Load(
        g,
        middlewares...,
    )

    go func() {
        if err := checkServer(); err != nil {
            log.Fatal("自检程序发生错误...", err)
        }
        log.Print("路由成功部署.")
    }()
    port:=viper.GetString("addr")
    log.Printf("开始监听 HTTP 地址%s", port)
    log.Printf(http.ListenAndServe(port, g).Error())

}

func checkServer() error {
    max := viper.GetInt("max_check_count")
    for i := 0; i < max; i++ {
        //发送一个 GET 请求给 "/check/health"，验证服务器是否成功
        url:=viper.GetString("url")+"/check/health"
        resp, err := http.Get(url)
        if err == nil && resp.StatusCode == 200 {
            return nil
        }

        log.Print("等待路由，1 秒后重试。")
        time.Sleep(time.Second)
    }
    return errors.New("无法连接到路由.")
}
```

在 main 函数中增加了 config.Init(*cfg) 调用，用来初始化配置。cfg 变量值是从命令行 flag 传入的，既可以传值，比如传入/17-2-c config.yaml，也可以为空。如果为空，则默认读

取 conf/config.yaml。

1. **解析配置**

main 函数通过 config.Init 函数来解析并配置文件（conf/config.yaml）。

打开源代码文件 17-2/config/config.go：

```go
type Config struct {
    Name string
}

func Init(name string) error {
    c := Config{
        Name: name,
    }

    //初始化配置文件
    if err := c.initConfig(); err != nil {
        return err
    }

    //监控配置文件变化并热加载程序
    c.watchConfig()

    return nil
}

func (c *Config) initConfig() error {
    if c.Name != "" {
        viper.SetConfigFile(c.Name) //如果指定了配置文件，则解析指定的配置文件
    } else {
        viper.AddConfigPath("conf") //如果没有指定配置文件，则解析默认的配置文件
        viper.SetConfigName("config")
    }
    viper.SetConfigType("yaml") //设置配置文件格式为YAML
    if err := viper.ReadInConfig(); err != nil { // 用 Viper 解析配置文件
        return err
    }

    return nil
}
```

```
//监控配置文件变化并热加载程序
func (c *Config) watchConfig() {
    viper.WatchConfig()
    viper.OnConfigChange(func(e fsnotify.Event) {
        log.Printf("Config file changed: %s", e.Name)
    })
}
```

config.Init 函数通过 initConfig 函数解析配置文件，达到初始化的目的。当配置文件发生变化时，打印日志。注意，除打印日志外，也可以根据实际需求进行其他逻辑处理。

两个函数解析如下。

[1] `func (c *Config) initConfig() error`

设置并解析配置文件。如果指定了配置文件 *cfg，则解析指定的配置文件，否则解析默认的配置文件 conf/config.yaml。通过指定配置文件可连接不同的环境（开发环境、测试环境、预发布环境、生产环境）并加载不同的配置，可以方便地开发和测试不同环境之间的部署。

设置如下：

```
if c.Name != "" {
    viper.SetConfigFile(c.Name) //如果指定了配置文件，则解析指定的配置文件
} else {
    viper.AddConfigPath("conf") //如果没有指定配置文件，则解析默认的配置文件
    viper.SetConfigName("config")
}
```

这样，config.Init 函数中的 viper.ReadInConfig 函数即可最终调用 Viper 来解析配置文件了。

[2] `func (c *Config) watchConfig()`

通过该函数的设置，可以让 Viper 监控配置文件的变更。如果有变更，则热更新程序。

**注意**：热更新是指在不重启 API 进程的情况下，让 API 加载最新配置项的值。

一般来说，更改配置文件是需要重启 API 的，即让程序重新加载最新的配置文件，而这在生产级环境中是不可取的。

如果使用 Viper，则只要更改了配置，程序就可以自动识别最新配置项，是不是很方便呢？

### 2. 读取配置项

API 服务器端口号经常需要变更，除此之外，API 需要根据不同的模式（开发模式、生产模式、测试模式）来匹配不同的行为。开发模式要求是可配置的，而这些都可以在配置文件中进行配置。

新建配置文件 conf/config.yaml（默认配置文件名字为 config.yaml），config.yaml 中的内容如下：

```yaml
runmode: debug                          # 开发模式有debug模式、release模式和test模式
addr: :9090                             # 用HTTP绑定端口
url: http://127.0.0.1:9090              # pingServer函数请求API服务器端口号ip:port
max_check_count: 10                     # pingServer函数尝试的次数
database:
    name: db
    addr: 127.0.0.1:3306
    username: root
    password: 123456
```

在 Gin 中有三种开发模式，分别为 debug 模式、release 模式和 test 模式。

在日常开发中通常使用的是 debug 模式，在这种模式下会打印很多 debug 信息，有利于我们排查错误。

如果发布到生产环境，则使用 release 模式。

本节的源代码在 Chapter17/17-2 文件中。

（1）输入命令 go build 命令，生成一个二进制文件 17-2。

（2）运行二进制文件 17-2：

```
a@adeiMac 17-2 % ./17-2
[GIN-debug] [WARNING] Running in "debug" mode. Switch to "release" mode in production.
 - using env:   export GIN_MODE=release
 - using code:  gin.SetMode(gin.ReleaseMode)

[GIN-debug] GET    /check/health             --> github.com/i-coder-robot/book_final_code/
2020/11/12 21:53:22 开始监听HTTP地址:9090
2020/11/12 21:53:22 路由成功部署.
```

可以看到，在用 Viper 读取配置文件之后，程序变得更加灵活，并且和原来启动是一样的。

## 17.3 日志追踪

本节介绍一款大名鼎鼎的 Go 语言的日志包——Zap，它的优点如下：

（1）能够将事件记录到文件中，而不是应用程序控制台。

（2）能够根据文件大小、时间或间隔等来切割日志文件。

（3）支持不同的日志级别，如 INFO、DEBUG、ERROR 等。

（4）能够打印基本信息，如调用文件或函数名及行号、日志时间等。

### 1. 初始化日志包

打开本节的源代码文件 Chapter17/MyLog/MyLog.go，输入如下代码：

```go
var Log *zap.SugaredLogger

const (
    output_dir = "./logs/"
    out_path   = "app.MyLog"
    err_path   = "app.myerr"
)

func init() {
    _, err := os.Stat(output_dir)
    if err != nil {
        if os.IsNotExist(err) {
            err := os.Mkdir(output_dir, os.ModePerm)
            if err != nil {
                fmt.Printf("创建目录失败![%v]\n", err)
            }
        }
    }
    // 设置一些基本日志格式
    encoder := zapcore.NewConsoleEncoder(zapcore.EncoderConfig{
        MessageKey: "msg",
        LevelKey:   "level",
        TimeKey:    "ts",
        //CallerKey:    "file",
        CallerKey:    "caller",
```

```go
            StacktraceKey: "trace",
            LineEnding:    zapcore.DefaultLineEnding,
            EncodeLevel:   zapcore.LowercaseLevelEncoder,
            //EncodeLevel:    zapcore.CapitalLevelEncoder,
            EncodeCaller: zapcore.ShortCallerEncoder,
            EncodeTime: func(t time.Time, enc zapcore.PrimitiveArrayEncoder) {
                enc.AppendString(t.Format("2006-01-02 15:04:05"))
            },
            EncodeDuration:func(d time.Duration,enc zapcore.PrimitiveArrayEncoder) {
                enc.AppendInt64(int64(d) / 1000000)
            },
        })

        //实现两个判断日志等级的 interface
        infoLevel := zap.LevelEnablerFunc(func(lvl zapcore.Level) bool {
            return true
        })

        warnLevel := zap.LevelEnablerFunc(func(lvl zapcore.Level) bool {
            return lvl >= zapcore.WarnLevel
        })

        //获取 Info、Warn 等日志文件的 io.Writer 抽象
        infoHook_1 := os.Stdout
        infoHook_2 := getWriter(out_path)
        errorHook := getWriter(err_path)

        //创建具体的 logger
        core := zapcore.NewTee(
            zapcore.NewCore(encoder, zapcore.AddSync(infoHook_1), infoLevel),
            zapcore.NewCore(encoder, zapcore.AddSync(infoHook_2), infoLevel),
            zapcore.NewCore(encoder, zapcore.AddSync(errorHook), warnLevel),
        )

        //需要传入 zap.AddCaller()才会显示打日志点的文件名和行数
        logger :=zap.New(core, zap.AddCaller(), zap.AddStacktrace(zap.ErrorLevel))
        Log = logger.Sugar()
        defer logger.Sync()
    }
    func getWriter(filename string) io.Writer {
```

```
    hook, err := rotatelogs.New(
        output_dir+filename+".%Y%m%d",
        rotatelogs.WithLinkName(filename),
        rotatelogs.WithMaxAge(time.Hour*24*7),
        rotatelogs.WithRotationTime(time.Hour*24),
    )
    if err != nil {
        panic(err)
    }
    return hook
}
encoder := zapcore.NewConsoleEncoder
```
NewConsoleEncoder 这个方法会设置一些基本的日志格式。

获取 info、warn 等日志文件的 io.Writer 抽象 getWriter()：

```
infoHook_1 := os.Stdout
infoHook_2 := getWriter(out_path)
errorHook := getWriter(err_path)
```

通过 New 方法可以得到 logger。

**注意**：需要传入 zap.AddCaller()才会显示打日志点的文件名和行数。

```
logger := zap.New(core, zap.AddCaller(),

func getWriter(filename string) io.Writer {
    hook, err := rotatelogs.New(
        output_dir+filename+".%Y%m%d",
        rotatelogs.WithLinkName(filename),
        rotatelogs.WithMaxAge(time.Hour*24*7),
        rotatelogs.WithRotationTime(time.Hour*24),
    )
    if err != nil {
        panic(err)
    }
    return hook
}
```

这个方法会生成 logger 实际生成的文件名 app.MyLog.YYmmddHH。app.Mylog 是指向最新日志的链接。该文件会保存 7 天内的日志，并且每小时（整点）分割一次日志。

## 2. 调用日志包

调用下面的日志包:

```go
func main() {
    MyLog.Log.Info("Info 日志开始")
    MyLog.Log.Error(" Eroor 错误日志")
    MyLog.Log.Info("Info 日志结束")
}
```

## 3. 查看日志文件

程序执行到 MyLog.Log.Error("Eroor 错误日志")这一行时会终止运行，并在日志文件 app.MyLog 中记录如下内容：

```
2020-07-05 10:20:41 error 17-3/main.go:10      Eroor 错误日志
main.main
    /Users/monster/GitHub/book-code/Chapter17/17-3/main.go:10
```

提示有一个 error，并且指明出错的位置为 17-3/main.go 这个文件的第 10 行。这在企业级开发中是非常重要的，因为在生产级系统中是不可能调试程序的，我们只能根据日志分析并修正错误。

## 17.4 定义错误码

在企业级开发中大多是前后端分离开发的，因此作为后端的 Go 语言需要告诉前端具体是什么错误，以便定位问题。

通常来说，一条错误信息需要包含两部分内容：

（1）直接展示给用户的消息提示。

（2）便于开发人员 debug 的错误信息。错误信息可能包含敏感信息，因此不宜对外展示。

在开发过程中，我们需要判断错误是哪种类型的，以便做相应的逻辑处理，而通过定制的错误码很容易做到这点。错误码需包含一定的信息，通过错误码我们可以快速判断错误级别、错误模块和具体错误信息。

本节介绍如何定义可以满足业务需求的错误码。

打开本节的源代码文件 Chapter 17/myerr/code.go，输入如下代码：

```
var (
    // Common errors
    OK                  = &ErrNum{Code: 0, Message: "OK"}
    InternalServerError = &ErrNum{Code: 30001, Message: "内部错误."}
    ErrBind             = &ErrNum{Code: 30002, Message: "请求信息无法转换成结构体."}
    ErrDatabase         = &ErrNum{Code: 30002, Message: " 数据库错误."}
    ErrValidation       = &ErrNum{Code: 30001, Message: "校验失败."}
    ErrEncrypt          = &ErrNum{Code: 30101, Message: "密码校验失败."}
    // user errors
    ErrAccountNotFound  = &ErrNum{Code: 50102, Message: "账户不存在."}
    ErrPassword         = &ErrNum{Code: 50103, Message: "密码错误."}
    ErrAccountEmpty     = &ErrNum{Code: 50104, Message: "账户不能为空."}
    ErrPasswordEmpty    = &ErrNum{Code: 50103, Message: "密码不能为空."}
    ErrMissingHeader    = &ErrNum{Code:    50104,Message: " Http Header 不存在"}
    ErrToken    = &ErrNum{Code:    50105,Message: "生成 Token 错误"}
    PassParamCheck  = &ErrNum{Code: 60000, Message: "参数校验通过"}
)
```

在 Chapter17/myerr/errnum.go 中声明了一个结构体 ErrNum，它包含 code 和 message 两个属性。Err 包含 ErrNum 和 error 两个属性。

（1）返回错误消息。

```
func (e *ErrNum) Error() string
```

（2）返回错误。

```
func New(num ErrNum, err error) *Err
```

（3）添加错误。

```
func (e *Err) Add(message string) Err
```

（4）返回错误。

```
func (err *Err) Error() string

    type ErrNum struct {
        Code int
        Message string
    }

func (e *ErrNum) Error() string{
```

```go
        return e.Message
}

type Err struct {
    ErrNum ErrNum
    Err error
}

func New(num ErrNum, err error) *Err {
    return &Err{
        ErrNum: ErrNum{Code: num.Code, Message: num.Message},
        Err:    err,
    }
}

func (e *Err) Add(message string) Err  {
    e.ErrNum.Message += " " + message
    return *e
}

func (err *Err) AddFormat(format string, args ...interface{}) Err {
    err.ErrNum.Message += " " + fmt.Sprintf(format, args...)
    return *err
}

func (err *Err) Error() string {
    return fmt.Sprintf("Err - code: %d, message: %s, error: %s", err.ErrNum.Code,
  err.ErrNum.Message, err.Err)
}

func IsErrAccountNotFound(err error) bool {
    code, _ := DecodeErr(err)
    return code == ErrAccountNotFound.Code
}

func DecodeErr(err error) (int, string) {
    if err == nil {
        return OK.Code, OK.Message
```

```
    }

    switch typed := err.(type) {
    case *Err:
        return typed.ErrNum.Code, typed.ErrNum.Message
    case *ErrNum:
        return typed.Code, typed.Message
    default:
    }

    return InternalServerError.Code, err.Error()
}
```

以用户登录为例，请求 login 登录接口，如果密码匹配失败，则提示密码错误。

```
if err := utils.Compare(account.Password, m.Password); err != nil {
    res.SendResponse(c, myerr.ErrPassword, nil)
    return
}
```

运行结果如图 17-1 所示。

图 17-1

## 17.5 创建账户

业务逻辑处理是 API 的核心功能，常见的业务如下：

- 创建账户。
- 删除账户。
- 更新账户。
- 查询账户列表。
- 查询指定账户的信息。

**1. 路由配置**

在创建账户之前，需要做路由配置。下面在 Chapter 17/ router/router.go 文件中配置路由信息：

```go
account := engine.Group("/v1/account")
{
    account.POST("", handler.AccountCreate)               // 新增用户
    account.GET("", handler.ListAccount)                  // 获取用户列表
    account.GET("/:account_name", handler.GetAccount)     // 获取指定用户的详细信息
    account.DELETE("/:id", handler.Delete)                // 删除用户
    account.PUT("/", handler.Update)                      // 更新用户
    account.POST("/login", handler.Login)
}
```

创建账户的步骤如下：

（1）从 HTTP 消息体获取参数（用户名和密码）。

（2）参数校验。

（3）加密密码。

（4）在数据库中添加数据记录。

（5）返回结果（这里是用户名）。

打开源码文件 Chapter17/handler/account.go，输入如下代码：

```go
//新建一个 Account（用户名）
func (h *AccountHandler) AccountCreate(c *gin.Context) {
```

```go
var r account.CreateRequest
if err := c.Bind(&r); err != nil {
    SendResponse(c, myerr.ErrBind, nil)
    return
}

if err := utils.CheckParam(r.AccountName,r.Password); err.Err != nil {
    res.SendResponse(c, err.Err, nil)
    return
}

accountName := r.AccountName
MyLog.Log.Infof("用户名: %s", accountName)

desc := c.Query("desc")
MyLog.Log.Infof("desc: %s", desc)

contentType := c.GetHeader("Content-Type")
MyLog.Log.Infof("Header Content-Type: %s", contentType)

//把明文密码加密
md5Pwd,err := utils.Encrypt(r.Password)
    if err != nil {
    res.SendResponse(c, myerr.ErrEncrypt, nil)
    return
}
id ,err := uuid.GenerateUUID()
if err!=nil{
    res.SendResponse(c, myerr.InternalServerError, nil)
    return
}
a :=model.Account{
    AccountId: id,
    AccountName: r.AccountName,
    Password:    md5Pwd,
}

if err := h.Srv.CreateAccount(a); err != nil {
    res.SendResponse(c, myerr.ErrDatabase, nil)
    return
}
```

```go
rsp := account.CreateResponse{
    AccountName: r.AccountName,
}

res.SendResponse(c, nil, rsp)
}
```

打开源代码文件 Chapter17/utils/auth.go，输入如下代码：

```go
func CheckParam(accountName,password string) myerr.Err {
    if accountName == "" {
    return myerr.New(*myerr.ErrValidation, nil).Add("用户名为空.")
}
if password == "" {
    return myerr.New(*myerr.ErrValidation, nil).Add("密码为空.")
}
    return myerr.Err{ErrNum: *myerr.PassParamCheck, Err: nil}
}


// 给文本加密
func Encrypt(source string) (string, error) {
    hashedBytes, err := bcrypt.GenerateFromPassword([]byte(source), bcrypt.DefaultCost)
    return string(hashedBytes), err
}
```

通常在服务层中组合业务逻辑：

```go
Chapter17/service/account.go
func (ac *AccountService) CreateAccount(account model.Account) error{
    return ac.Repo.CreateAccount(account)
}
```

打开源代码文件 Chapter17/repository/account.go，输入如下代码：

```go
// 在数据库中新建一个 Account
func (m *AccountModelRepo) CreateAccount(account model.Account) error {
    return m.DB.MyDB.Create(&account).Error
}
```

在上面这段代码中,是通过 CreateAccount 函数向数据库中添加记录的。

另外,使用 postwoman 工具可以调试 RESTful 风格的接口。在添加成功后,会输出新建账户的名称——Tom,如图 17-2 所示。

图 17-2

在数据库中,打开 Mysql WorkBench, 输入下面的 SQL 语句,显示如图 17-3 所示。

```
SELECT * FROM db.account;
```

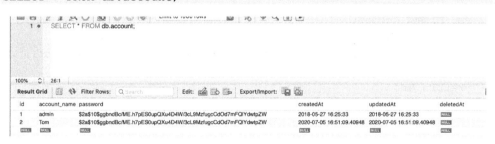

图 17-3

至此,我们就成功把 Tom 添加到数据库中了,同时可以看到,password 中的内容都已加密。

## 17.6 删除账户

在删除账户时,首先根据 URL 路径 DELETE http://127.0.0.1/v1/user/1 解析出 ID 的值为 1,该 ID 实际上就是数据库中的 ID 索引,然后调用 model.DeleteUser 函数将其删除,具体代码如下:

```go
handler/account.go

func (h *AccountHandler) Delete(c *gin.Context) {
    accountId, _ := c.Param("id")
        if err := h.Srv.DeleteAccount(accountId); err != nil {
        res.SendResponse(c, myerr.ErrDatabase, nil)
        return
    }
    SendResponse(c, nil, nil)
}
```

(1)获取要删除的 ID。

(2)执行删除方法 h.Srv.DeleteAccount()。

打开源代码文件 Chapter17/service/account.go,输入如下内容:

```go
func (ac *AccountService) DeleteAccount(id string) error{
    return ac.Repo.DeleteAccount(id)
}
```

打开源代码文件 Chapter17/repository/account.go,输入如下内容:

```go
// 通过 ID 删除 Account
func (m *AccountModelRepo) DeleteAccount(id string) error {
    err := m.DB.MyDB.Where("account_id = ?", id).Delete(&model.Account{}).Error
        if err != nil {
        return err
    }
    return nil
}
```

这里通过调用 Delete 方法删除了用户,这种删除是物理删除。还有一种删除叫作软删除,就是在数据库中设置 delete_status 字段,0 表示正常,1 表示删除,进而更新 delete_status 字段得到删除的效果。

## 17.7 更新账户

更新账户的主要步骤如下：

（1）获取要更新的 accountId。

（2）绑定 account。

（3）验证参数。

（4）更新操作。

打开源代码文件 Chapter17/handler/account.go，输入如下内容：

```go
func (h *AccountHandler) Update(c *gin.Context) {
    MyLog.Log.Info("执行更新操作.Request-Id: ",utils.GetRequestID(c))

    //通过参数 c.Bind(&m) 绑定 account
    var m account.Model
    if err := c.Bind(&m); err != nil {
        SendResponse(c, myerr.ErrBind, nil)
        return
    }

    //对密码进行加密处理
    md5Pwd,err := utils.Encrypt(m.Password)
        if err != nil {
            SendResponse(c, myerr.ErrEncrypt, nil)
            return
        }
    m.Password=md5Pwd


    //保存更新
    if err := h.Srv.UpdateAccount(); err != nil {
        SendResponse(c, myerr.ErrDatabase, nil)
        return
    }

    SendResponse(c, nil, nil)
}
```

在 service 层中，我们做业务逻辑判断的步骤如下：

（1）搜索要更新的账户，如果不存在，则返回错误信息给前端。

（2）如果搜索的账户 ID 为空，刚返回错误信息给前端。

根据业务场景，可以继续增加业务逻辑判断。

当业务逻辑判断都成功时，才调用数据访问层的 UpdateAccount 方法进行更新。如图 17-4 所示。

图 17-4

```
func (ac *AccountService) UpdateAccount(account model.Account) error {
    accountInfo, err := ac.Repo.GetAccountInfo(account.AccountId)
    if err != nil {
        return err
    }
    if accountInfo.AccountId=="" {
        return errors.New("用户不存在")
    }
    return ac.Repo.UpdateAccount(account)
}
```

Chapter17/repository/account.go

```
func (m *AccountModelRepo) UpdateAccount(account model.Account) error {
    err:= m.DB.MyDB.Model(model.Account{}).Where("account_id=?",account.
    AccountId).Updates(map[string]interface{}{
        "account_name":account.AccountName,
        "account_password":account.Password,
    }).Error
    return err
}
```

更新后的数据库对应记录如图 17-5 所示。

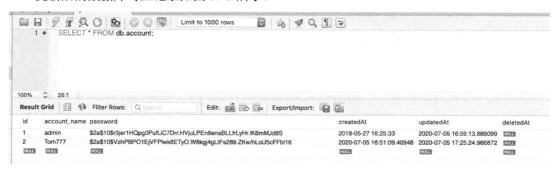

图 17-5

从图 17-5 可以看出，账户名已成功由原来的 Tom 更新为 Tom777。

## 17.8　账户列表

本节实现如何从数据库里分页取得账户列表。用户在注册以后，我们会把用户的数据直接记录到数据库中，在需要展示时，再通过页面展示出来。如果账户列表里面有 1000 条甚至更多的数据，则不会一次性都展示出来，因为一次性展示出来会占用大量的带宽，让前端页面一直等待，用户体验非常差，甚至有页面卡死的情况。分页的好处是，一次只拿固定数量的账户数据，而且速度很快，这样前端页面展示也会很快，用户体验很好。

打开源代码文件 Chapter17/handler/account.go，输入如下内容：

```
Func (h *AccountHandler) ListAccount(c *gin.Context) {
    var r account.ListRequest
    if err := c.Bind(&r); err != nil {
        SendResponse(c, myerr.ErrBind, nil)
        return
```

```go
    }
    if r.Offset < 0 {
        r.Offset = 0
    }
    if r.Limit < 1 {
        r.Limit = utils.Limit
    }

    list, count, err := h.Srv.ListAccount(r.Offset, r.Limit)
    if err != nil {
        SendResponse(c, err, nil)
        return
    }
    resp:=[]*res.AccountResp{}
    for _,item :=range list{
        r:=res.AccountResp{AccountName: item.AccountName}
        resp = append(resp,&r )
    }

    SendResponse(c, nil, account.ListResponse{
        TotalCount: count,
        AccountList: resp,
    })
}
```

打开源代码文件 Chapter17/service/account.go，输入如下内容：

```go
func (ac *AccountService) ListAccount(offset, limit int) ([]*account.Info,
uint64, error) {
    infos := make([]*account.Info, 0)
    accounts, count, err := ac.Repo.ListAccount(offset, limit)
    if err != nil {
        return nil, count, err
    }

    for _, item := range accounts {
        info := &account.Info{
            Id:          item.Id,
            AccountName: item.AccountName,
            Password:    item.Password,
            CreatedAt:   item.CreatedAt.String(),
            UpdatedAt:   item.UpdatedAt.String(),
```

```go
        }
        infos = append(infos, info)
    }

    return infos, count, nil
}
```

Chapter17/repository/account.go
```go
Func (m *AccountModelRepo) ListAccount(offset, limit int) ([]*Model, uint64, error) {

    accounts := make([]*Model, 0)
    var count uint64

    if err := m.DB.MyDB.Model(&Model{}).Count(&count).Error; err != nil {
        return nil, 0, err
    }

    err := m.DB.MyDB.Model(&Model{}).Limit(limit).Offset(offset).Order
        ("id desc").Find(&accounts).Error;
    if err != nil {
        return nil, count, err
    }
    return accounts, count, nil
}
```

账户列表如图 17-6 所示，我们可以根据分页的条件返回数据，同时可以返回数据库内一共有多少条数据。在日常开发中，密码是不返回的，除此之外，对于一些敏感信息也是不返回的，比如身份证号码等。另外，对手机号也进行了一定的处理，比如中间加入*号来隐藏信息。这里暂且只返回账户名称，在生产环境中可以返回更多的信息。

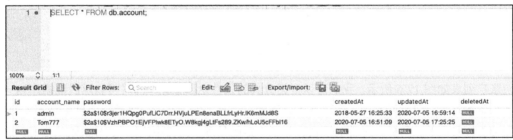

图 17-6

## 17.9 根据账户名称查询用户信息

在日常开发中,我们经常需要根据账户名称或者用户 ID 查询具体的账户信息,本节介绍如何根据账户名称查询用户信息。

打开本节的源码文件 Chapter17/handler/account.go，输入如下内容：

```go
Func (h *AccountHandler) GetAccount(c *gin.Context) {
    accountName := c.Param("account_name")
    // 从数据库中选择 Account
    account, err := h.Srv.GetAccount(accountName)
    if err != nil {
        SendResponse(c, myerr.ErrAccountNotFound, nil)
        return
    }
    r:=res.AccountResp{AccountName: account.AccountName}
    SendResponse(c, nil, r)
}
```

c.Param("account_name")//获取账户名称

打开本节的源码文件 Chapter17/service/account.go，输入如下内容：

```go
func (ac *AccountService) GetAccount(accountName string) (model.Account, error) {
    return ac.Repo.GetAccountByName(accountName)
}
```

下面根据传入的账户名称在数据库中查询并获取账户信息。

打开本节的源码文件 Chapter17/repository/account.go，输入如下内容：

```go
func (m *AccountModelRepo) GetAccount(name string) (model.Account, error) {
    err := m.DB.MyDB.Where("account_name = ?", name).First(&account).Error
    if err != nil {
        return account,err
    }
    return account, nil
}
```

至此，我们就通过给定的账户名称找到了一个账户，并且返回给前端，如图17-7所示。

图 17-7

## 17.10　OAuth 2.0 简介

OAuth 2.0 是一种授权协议，它可以用来保证第三方（软件）只有在获得授权之后，才可以进一步访问授权者的数据。

OAuth 2.0 是如何运转的呢？下面把"小明""生活点评""微信开放平台"放到一个场景里，看看它们是如何沟通的。

小明：生活点评，我正在浏览器上，需要访问你来帮我查询我的订餐订单。

生活点评：好的，小明，我必须有你的微信个人信息才能查询你的订餐订单，现在我把你引导到微信开放平台上，需要你给我授权。

微信开放平台：你好，小明，我收到了生活点评跳转过来的请求，现在已经准备好了授权页面。你登录并确认后，单击授权页面上的"授权"按钮就可以了。

小明：好的，微信开放平台，我已看到授权页面，并已单击完授权按钮了。

微信开放平台：你好，生活点评，我已收到小明的授权，现在给你生成一个授权码。我将通过浏览器重定向到你的回调 URL 地址。

生活点评：好的，微信开放平台，我已从浏览器上拿到了授权码，现在就用这个授权码请求你给我一个访问令牌。

微信开放平台：好的，生活点评，访问令牌已经发送给你了。

生活点评：我已收到令牌，现在可以使用令牌访问小明的订单了。

小明：我已经看到我的订单了。

至此，相信你已完全明白 OAuth 2.0 是如何运转的了。

## 17.11　OAuth 2.0 的四种授权模式

当客户端想要访问某一个资源时，此时有两个角色——客户端和资源所有者。只有在资源所有者同意之后，资源服务器才可以向客户端颁发令牌。客户端在拿到令牌后，每次请求资源时，都要带着这个令牌，以便资源服务器通过验证后，才能放行，继续获取资源。

OAuth 2.0 提供了 4 种授权模式：

- 授权码（authorization_code）；
- 隐藏式（implicit）；
- 密码式（password）；
- 客户端凭证（client_credentials）。

无论使用哪一种授权模式，第三方应用在申请令牌之前，都必须到相应的系统进行备案。在本例中需要到微信小程序系统进行备案，以便拿到身份识别码的客户端 ID（client id）和客户端密钥（client_secret）。这是区分该应用与其他应用的凭证，如果不做备案，那么是拿不到小程序令牌的。

### 1. 授权码

授权码是指第三方应用先申请一个授权码，然后用该授权码获取令牌。这种方式最为常用，安全性也最高，适用于有后端的 Web 应用。

授权码是通过前端（页面）发送的，而令牌则存储在后端，所有与资源服务器的通信都是在后端完成的，这样即可避免令牌泄露。

第 1 步，A 应用向开放平台发出请求：

```
https://开放平台/oauth/authorize?
    response_type=code&
    client_id=CLIENT_ID&
    redirect_uri=CALLBACK_URL&
    scope=read
```

说明：

- 参数 response_type 为要求返回的授权码；
- 参数 client_id 可以让 B 网站知道是谁在请求授权码（这是在之前申请备案后自动分配的）；
- 参数 redirect_uri 是 B 网站接受或拒绝请求后的跳转网址（网址是在申请备案后就填写好的）；
- 参数 scope 为要求的授权范围（这里是只读的）。

第 2 步，跳转到开放平台后，首先会要求用户登录，然后询问用户是否同意授权 A 应用。用户单击"同意"按钮后，开放平台会跳转到 redirect_uri 参数指定的网址，并带有授权码。格式如下：

```
coolpest8.com/callback?code=AUTHORIZATION_CODE
```

其中，CODE 就是授权码。

第 3 步，A 应用在拿到授权码之后，就可以在后端向开放平台请求令牌了。

```
https://b.com/oauth/token?client_id=CLIENT_ID&client_secret=CLIENT_SECRET&grant_type=authorization_code&
    code=AUTHORIZATION_CODE&redirect_uri=CALLBACK_URL
```

在上面这个 URL 中：

- 参数 client_id 和参数 client_secret 是用来让开放平台确认 A 应用身份的；
- 参数 client_secret 是系统分配的，必须保密，因此只能在后端发起请求；
- 参数 grant_type 的值是 authorization_code，表示采用的授权方式是授权码；
- 参数 code 是上一步拿到的授权码；
- 参数 redirect_uri 是令牌颁发后的回调网址。

第 4 步，开放平台在收到请求后进行验证，若验证通过，就颁发令牌，向 redirect_uri 指定的网址发送 JSON 格式的数据，代码如下：

```
{
    "access_token":"ACCESS_TOKEN",
```

```
    "token_type":"bearer",
    "expires_in":2592000,
    "refresh_token":"REFRESH_TOKEN",
    "scope":"read",
    "uid":100101,
    "info":{...}
}
```

其中，access_token 是令牌。

### 2. 隐藏式

隐藏式适用于只有前端没有后端的场景，把令牌存储在前端，直接向前端颁发令牌。因为没有授权码中间的过程，所以是隐藏式。

第 1 步，A 应用向开放平台发出请求：

```
https://coolpest8.com/oauth/authorize?
    response_type=token&
    client_id=CLIENT_ID&
    redirect_uri=CALLBACK_URL&
    scope=read
```

其中，参数 response_type 表示要求直接返回令牌。

第 2 步，用户跳转到开放平台，登录后同意给予 A 应用授权。

此时开放平台会跳回 redirect_uri 参数指定的网址，并且把令牌作为 URL 参数传给 A 应用。格式如下：

```
https://a.com/callback#token=ACCESS_TOKEN
```

其中，token 参数是令牌，因此 A 应用可直接在前端拿到令牌。

这种方式是把令牌直接传送给前端，因而很不安全。

隐藏式只能用在一些对安全要求不高的场景，并且令牌的有效期必须非常短，通常是仅在会话期间（session）有效，当浏览器关掉后，令牌就失效了。

### 3. 密码式

A 应用要求用户提供他在 B 网站的用户名和密码，在拿到以后，A 应用可直接向 B 网站请求令牌。

第 1 步，A 应用向开放平台发出请求：

```
https://开放平台/token?
    grant_type=password&
    username=USERNAME&
    password=PASSWORD&
    client_id=CLIENT_ID
```

其中，参数 grant_type 是授权方式，这里的 password 表示使用的是"密码式"，username 和 password 是 B 的用户名和密码。

第 2 步，开放平台在验证身份通过后，直接给出令牌。

注意：这里不需要跳转，而是把令牌放在 JSON 数据里面作为 HTTP 返回给 A 应用，从而 A 应用拿到令牌。

这种方式需要用户给出自己的用户名和密码，显然风险很大。一般在同一家公司的不同应用之间可以使用密码式。

4．凭证式

第 1 步，A 应用向开放平台发出请求：

```
https://开放平台/token?
    grant_type=client_credentials&
    client_id=CLIENT_ID&
    client_secret=CLIENT_SECRET
```

其中，参数 grant_type 是 client_credentials，表示采用的是"凭证式"；参数 client_id 和参数 client_secret 可以让开放平台确认 A 应用的身份。

第 2 步，开放平台在验证通过以后，直接返回令牌。

这种方式给出的令牌是针对第三方应用的，而不是针对用户的，即有可能出现多个用户共享同一个令牌的情况。

这种要注意使用场景，防止更新多个令牌的风险。

使用令牌

A 应用在拿到令牌之后，就可以向 B 网站的 API 请求数据了。

每次请求 API 时，在 header 中都必须带上令牌，格式如下：

```
curl -H "Authorization: Bearer ACCESS_TOKEN" \
"https://api.开放平台.com/getUserInfo"
```

---

**更新令牌**

在令牌的有效期到了之后，用户无须重新"走"一遍上面的流程，再申请一个新的令牌，因为 OAuth 2.0 允许用户自动更新令牌。具体方法是，开放平台在颁发令牌时，一次性颁发两个令牌，一个用于获取数据，另一个用于获取新的令牌（refresh_token）。在令牌到期之前，用户可使用 refresh_token 发起一个请求去更新令牌。

A 应用向开放平台发出请求：

```
https://开放平台/oauth/token?
  grant_type=refresh_token&
  client_id=CLIENT_ID&
  client_secret=CLIENT_SECRET&
  refresh_token=REFRESH_TOKEN
```

说明：

- 参数 grant_type 为 refresh_token 时表示要求更新令牌；
- 参数 client_id 和参数 client_secret 用来确认身份；
- 参数 refresh_token 表示使用更新后的令牌。

开放平台在验证通过之后，就可以颁发新的令牌给用户了。开放平台总是使用用户的 openId 来标识一个用户的，我们可以在 Account 表中保存这个字段，当用户授权且开放平台回调后，我们就可以拿到用户的 openId 了，具体如图 17-8 所示。

（1）在开放平台注册应用，获取 appId 和 appSecret。

（2）通过 wx.login 方法拿到 code，这个 code 是在前端返回的。

（3）前端首先通过接口调用后端（开发者服务器，就是我们写的 Go 程序），然后再调用 auth.code2Session 接口，获取 openId 和会话密钥 sessionKey。Go 程序请求接口如下：

https://api.weixin.qq.com/sns/jscode2session?appid=APPID&secret=SECRET&js_code=JSCODE&grant_type=authorization_code

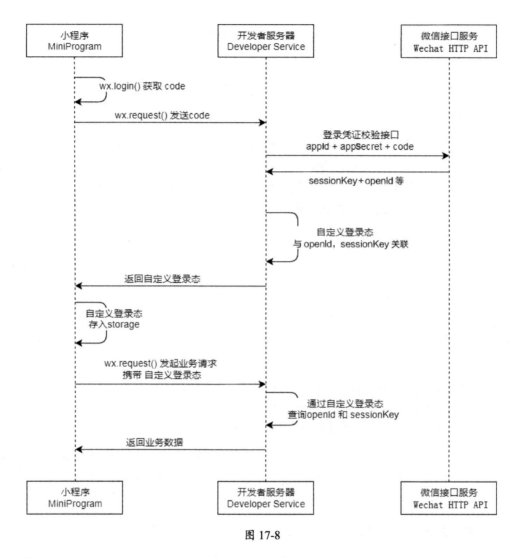

图 17-8

说明：

- 参数 APPID 为小程序 appId（申请后得到）。
- 参数 SECRET 为小程序 appSecret（申请后得到）。
- 参数 JSCODE 为前端页面传入的 code。
- 参数 grant_type 为授权类型，此处填写 authorization_code，返回的值是 JSON。
- openId：用户唯一标识。
- sessionKey：会话密钥。

- ErrCode：错误码。
- ErrMsg：错误信息。
- -1：系统繁忙。
- 0：请求成功。
- 40029：code 无效。
- 45011：频率限制，每个用户每分钟 100 次。

通过上面的步骤，即可拿到用户微信的唯一 ID，即 openId。

下面我们看看 Go 语言的代码。

在 router.go 里增加如下代码：

```
account := engine.Group("/v1/account")
{
...
account.POST("/wxlogin", AccountHandler.WXLogin)
}


Handler/account.go

//微信小程序登录
func (h *AccountHandler) WXLogin(c *gin.Context) {
    code := c.Query("code")        //获取 code
    //根据 code 获取 openId 和 sessionKey
    wxLoginResp,err := wx_service.WXLogin(code)
    if err != nil {
        res.SendResponse(c, nil, nil)
        return
    }
    // 保存登录态
    session := sessions.Default(c)
    session.Set("openid", wxLoginResp.OpenId)
    session.Set("sessionKey", wxLoginResp.SessionKey )
    // 既可以用 openId 和 sessionKey 的串接，也可以用自定义的规则进行拼接，之后进行
//MD5 校验，将其作为该用户的自定义登录态，要保证 mySession 唯一
    mySession := utils.GetMD5Encode(wxLoginResp.OpenId + wxLoginResp.SessionKey)
    // 接下来可以将 openId、sessionKey 和 mySession 存储到数据库或缓存中，可以用
    // mySession 去索引 openId 和 sessionKey
    res.SendResponse(c, nil, mySession)
}
```

Service/wx_service/WXService.go

```go
// 这个函数是以 code 作为输入的,可以返回调用微信接口后得到的对象指针或异常情况
func WXLogin(code string) (*res.WXLoginResponse, error) {
    url := "https://api.weixin.qq.com/sns/jscode2session?appid=%s&secret=%s&js_code=%s&grant_type=authorization_code"

    url = fmt.Sprintf(url, viper.GetString("wx_app_id"), viper.GetString("wx_secret"), code)

    //创建 GET 请求
    resp,err := http.Get(url)
    if err != nil {
        return nil, err
    }
    defer resp.Body.Close()

    //解析 HTTP 请求中的 body 数据到我们定义的结构体中
    wxResp := res.WXLoginResponse{}
    decoder := json.NewDecoder(resp.Body)
    if err := decoder.Decode(&wxResp); err != nil {
        return nil, err
    }

    //判断微信接口是否返回一个异常情况
    if wxResp.ErrCode != 0 {
        return nil, errors.New(fmt.Sprintf("ErrCode:%s  ErrMsg:%s", wxResp.ErrCode,wxResp.ErrMsg))
    }

    return &wxResp, nil
}
```